含碲物料分离提取理论及工艺研究

Theoretical and Technological Research on Separation and Extraction of Valuable Metals from Tellurium-bearing Materials

许志鹏　郭学益　田庆华　李　栋　著

北　京

冶　金　工　业　出　版　社

2020

内 容 提 要

本书介绍了碲的性质、用途和资源状况，并针对铜、铅阳极泥处理过程得到的含碲物料的特点，详细论述了含碲物料一段硫化钠浸出、二段硫化钠浸出和浸出液中有价金属分离提取的基础理论及实验研究结果。本书通过具体实例较为详细地阐述了热力学及动力学研究、工艺参数优化研究等方面的实验设计和数据处理方法。

本书可供从事稀散金属冶金领域尤其是复杂二次资源循环再生领域的科研、工程技术人员阅读，也可供高等院校相关专业师生参考。

图书在版编目(CIP)数据

含碲物料分离提取理论及工艺研究/许志鹏，等著．
—北京：冶金工业出版社，2020.8
ISBN 978-7-5024-8613-6

Ⅰ.①含…　Ⅱ.①许…　Ⅲ.①碲—有色金属冶金
Ⅳ.①TF843

中国版本图书馆 CIP 数据核字(2020) 第 176231 号

出 版 人　苏长永
地　　址　北京市东城区嵩祝院北巷 39 号　邮编　100009　电话　(010)64027926
网　　址　www.cnmip.com.cn　电子信箱　yjcbs@cnmip.com.cn
责任编辑　张熙莹　郭雅欣　美术编辑　郑小利　版式设计　孙跃红
责任校对　李　娜　责任印制　李玉山
ISBN 978-7-5024-8613-6
冶金工业出版社出版发行；各地新华书店经销；三河市双峰印刷装订有限公司印刷
2020 年 8 月第 1 版，2020 年 8 月第 1 次印刷
169mm×239mm；8.75 印张；170 千字；132 页
59.00 元

冶金工业出版社　投稿电话　(010)64027932　投稿信箱　tougao@cnmip.com.cn
冶金工业出版社营销中心　电话　(010)64044283　传真　(010)64027893
冶金工业出版社天猫旗舰店　yjgycbs.tmall.com

前　言

碲被誉称为现代工业、国防与尖端技术的维生素，在航空航天、电子信息、新能源等领域应用广泛，是一种非常重要的战略资源。碲属于稀散金属，在地壳中分布比较分散，其独立矿床很少，常伴生于铜、铅、铋等硫化矿中。碲主要从铜、铅阳极泥处理过程得到的含碲物料中回收。含碲物料中除碲外还含有大量的锑、铋、铅、铁、锌等有价金属，具有较高的回收价值。目前，碲的分离提取方法主要有火法、湿法和微生物法等，但这些技术在不同程度上仍面临原料适应性差、工艺流程长、金属回收率低等问题。因此，针对含碲物料的性质和特点，开展有价金属综合回收工艺研究具有重要的意义。

作者及其研究团队近年来在综合回收含碲物料中有价金属方面开展了一系列研究工作，针对铜、铅阳极泥处理过程得到的含碲物料，根据其成分特点，开展了两段硫化钠浸出梯级分离提取有价金属理论和工艺研究。为了总结经验，促进交流，作者将近几年在含碲物料有价金属综合回收方面的最新研究成果归纳整理成书。全书共分7章，简要介绍了含碲物料资源特点和处理方法，详细论述了含碲物料一段硫化钠浸出、二段硫化钠浸出和浸出液中有价金属分离提取的基础理论及实验研究结果。本书力求理论和工艺相结合，对含碲物料处理的基本原理进行了系统介绍，同时重点突出了实验设计和工艺设计。

本书是作者及其研究团队集体研究成果的总结。研究团队张镇和晏文等研究生协助开展了大量研究工作，为相关实验开展和研究成果报告成稿作出了重要贡献。感谢国家自然科学基金为本书所涉及的研究工作提供了资助，在此表示感谢。

由于作者水平所限，书中不妥之处，敬请广大读者批评指正。

作 者

2020 年 5 月

目　　录

1 绪　论

1.1 碲的性质及用途

1.1.1 碲的性质

1.1.1.1 碲的物理性质

碲有两种同素异形体，分别为晶体碲和无定型碲。晶体碲为银白色，六方晶格，晶体碲有 α-Te 和 β-Te 两种形态，当温度超过 354℃时，α-Te 发生形态转变，可转型为 β-Te[1]。无定型碲实际是碲的微晶，经过热处理，其可转型为晶体碲[2]。碲在室温时，具有较强的脆性，在高温下可进行加工处理。碲具有优良的半导体性质，其电阻与温度正相关，与压力负相关，其热导率与温度的相关性暂不明确。表 1-1 列出了碲的主要物理性质。

表 1-1　碲的主要物理性质[3,4]

物理量		数值	物理量		数值
原子序数		52	汽化热/$J \cdot g^{-1}$		447
相对原子质量		127.61	熔解热/$J \cdot g^{-1}$		134
相对分子质量（二原子）		255.22	莫氏硬度		2.3
同位素		20 种	晶格结构		六方晶体
密度/$g \cdot m^{-3}$	六方晶体（25℃）	6.25	晶格常数/nm	a 轴	0.44570
	无定型	6.00		b 轴	0.59290
原子容积（六方晶体）/$cm^3 \cdot mol^{-1}$		20.45	电阻率（室温）/$\Omega \cdot cm$		0.436
熔点/℃		452	临界温度/K		约 3500
沸点/℃		990	禁带宽度/eV		0.334
比热容（20℃）/$J \cdot (g \cdot ℃)^{-1}$		0.196	本征电阻率 ρ（300K）/$\Omega \cdot cm$		约 1.0
平均热导率（300K）/$W \cdot (cm \cdot ℃)^{-1}$		约 0.038	三态点/℃		450

1.1.1.2 碲及其化合物的化学性质

A　金属碲

碲属周期表ⅥA 族，外部电子分布是［Kr］$4d^{10}5s^25p^4$，与氧、硫、硒、钋构成氧族元素。碲有八种价态，即：-2、-1、0、+1、+2、+4、+5、+6，碲性质类似于硫和硒，但是碲比硫和硒具有更多的金属性质[5~7]。

在空气气氛下，碲化学性质不活泼，加热时也表现为惰性，但是在氧气环境下，碲的活性大大增强，加热时则会燃烧，释放蓝色的火焰，生成二氧化碲[8]。碲还能与卤素进行化合，但不与氢气、碳和氮反应[9]。除此之外，碲和某些金属在加热条件下发生反应生成金属碲化物[10]。在100~160℃间，粒状碲还能与水作用生成二氧化碲和氢气：

$$Te + 2H_2O = TeO_2 + 2H_2 \quad (1\text{-}1)$$

碲易溶于氧化电位较高的酸或者碱中，如王水、硝酸、浓硫酸等，也能缓慢溶解在稀酸和碱液中：

$$Te + H_2SO_4 = TeSO_3 + H_2O \quad (1\text{-}2)$$

$$3Te + 4HNO_3 + H_2O = 3H_2TeO_3 + 4NO \quad (1\text{-}3)$$

$$3Te + 6KOH = K_2TeO_3 + 2K_2Te + 3H_2O \quad (1\text{-}4)$$

$$2Te + 9HNO_3 = Te_2O_3(OH)NO_3 + 8NO_2 + 4H_2O \quad (1\text{-}5)$$

当溶液中氧化电位高的情况下，碲能被氧化为碲酸：

$$3H_2TeO_3 + 2KMnO_4 + 2KOH = 3H_2TeO_4 + 2K_2MnO_4 + H_2O \quad (1\text{-}6)$$

$$5TeO_2 + 2KMnO_4 + 3H_2SO_4 + 2H_2O = 5H_2TeO_4 + K_2SO_4 + 2MnSO_4 \quad (1\text{-}7)$$

$$3TeO_2 + K_2Cr_2O_7 + 8HCl = 3H_2TeO_4 + 2KCl + 2CrCl_3 + H_2O \quad (1\text{-}8)$$

B 碲的氧化物

碲主要有TeO、TeO_2和TeO_3三种氧化物[11]。

Na_2TeO_3在230℃和真空条件下，可分解为TeO，TeO性质很活泼，在空气中易被氧化。

碲在氧气气氛下加热时，会生成TeO_2。另外，碲溶解在硝酸溶液时也将反应生成TeO_2，TeO_2是碲三种氧化物中稳定性最强的。

TeO_2呈现明显的两性特征。它不但能溶于酸也能溶于碱，且在碱中溶解性更强。将TeO_2加入硝酸溶液时，其会反应生成碱式硝酸盐（$2TeO_2 \cdot HNO_3$）；将其加入硫酸时，会反应得到碱式硫酸盐（$2TeO_2 \cdot SO_3$）。将TeO_2加入碱中，可反应得到亚碲酸盐，向亚碲酸钠溶液中加入酸时，可以制得亚碲酸[12]。另外，TeO_2和金属氧化物也可发生化合反应，生成亚碲酸盐、碲酸盐或复合盐，如Na_2TeO_3、$NiTeO_3$、$PbTeO_4$和$CuTeO_3 \cdot 2CuSO_4$等。

TeO_2还是一种氧化性较强的氧化剂。Al、Zn、Cd、Bi、Ag、C和P等在高温条件下，能将二氧化碲还原为单质碲。它在酸性溶液中也能被SO_2、$SnCl_2$、N_2H_4、KI等还原成单质碲，在碱性溶液中被草酸还原成单质碲。而且，TeO_2还具有一定的还原性，其能被过氧化氢、氯气、溴气、高锰酸钾和重铬酸钾等强氧化剂氧化为原碲酸（H_6TeO_6）[13]。

在600~650℃的条件下，H_6TeO_6 可分解为 TeO_3。TeO_3 化学性质不活泼，与弱酸和碱几乎不反应，但可与浓 KOH 溶液反应生成 K_2TeO_3。

C 碲的含氧酸及含氧酸盐

H_2TeO_3 在水中几乎不溶解，且在常温条件下易水解为 TeO_2，工业上常利用此性质制备 TeO_2，将碱性亚碲酸钠酸化，使其 pH 值降为 6.0 左右，TeO_2 大量析出。

亚碲酸盐含有正盐、焦亚碲酸盐、焦亚碲酸氢盐和杂多酸盐。碱金属碳酸盐和 TeO_2 高温下熔融反应可以得到碱金属焦亚碲酸盐。碱金属焦亚碲酸盐基本都是白色晶体，在水中溶解性良好，当把醇类物质添加至其水溶液中时，可反应得 $Na_2TeO_3 \cdot 5H_2O$ 等水合物。将该类水合物加热时可离解为 TeO_2。其他金属的亚碲酸盐在水中的溶解性较差，但可和酸发生反应。

原碲酸在水中的溶解性良好，但没有吸湿性。当其溶解在水中时，表现出微弱的酸性。它的氧化性非常强，其氧化性比氧化还原势序中 Ag 以上的许多金属都要强。利用其氧化性，可从热的浓盐酸中制备氯气，本身被还原为 TeO_2。而且，当浓盐酸中加入原碲酸时，可溶解惰性的金和铂。当向原碲酸中加入碱时，可制备得到原碲酸盐，大部分的原碲酸盐 M_6TeO_6、M_3TeO_6（如碱金属和碱土金属）在水中的溶解性都很差。

D 碲的氢化物

H_2Te 中碲的含量达 98.43%，其在常温下为无色和具恶臭味，其毒性较强。H_2Te 在水中的溶解性较好，其水溶液表现为较强的还原性，当其裸露在空气中时，易被空气中的氧气完全氧化。

H_2Te 的制备方法主要有以下三种：（1）在加热条件下，碲和氢发生化合反应，可以得到 H_2Te；（2）硫酸电解过程时，碲阴极上也会析出 H_2Te；（3）Al_2Te_3、MgTe 和 ZnTe 溶于弱酸时，也会生成 H_2Te。

E 碲的卤化物

由于碲表现为较强的金属性质，因此其卤化物的稳定性都较强。其中碲的四价卤化物稳定性最强，除了四价卤化物，六价卤化物 TeF_6 是可以确定的，但是否存在二价卤化物 TeI_2 还没确定。

碲及其化合物都具有一定的毒性，但其毒性比硒及其化合物弱。碲不仅伤害人体中的脏器、肺、神经系统、血液等，同时还可导致细胞突变、癌变及畸变[14~16]。

1.1.2 碲的用途

虽然碲在地壳中的丰度很低，但碲在工业上的用途十分广泛，尤其是随着

CdTe 薄膜太阳能电池大力发展，引起了大量科学研究者的广泛关注[17~20]。由于碲具有优良的热学、光学和电学特性，因此其在冶金工业、石油化学工业、电子电气工业、玻璃陶瓷工业、光伏工业和医药工业等领域应用非常广泛[21~25]，被誉为“现代工业、国防与尖端技术的维生素”，是当代高技术新材料的支撑材料[26~29]。

1.1.2.1 冶金工业

冶金工业是碲最大的应用领域，碲主要作为合金添加剂以增强合金的性能。例如，向钢材中加入 0.03%~0.04%的碲，可以降低钢材对氮的吸收，细化钢材的晶粒，抑制晶粒的生长，促进奥氏体的转变，提高钢材的强度和抗蚀性能，显著改善其切削性能[30~32]；在铸铁中添加 0.001%~0.002%的碲，可显著降低气孔率，有效提高铸铁的耐磨性，同时，可防止石墨固结而增强铸铁的强度[33~35]。

向铜和铜合金中添加碲，可提高再结晶温度，改善铜的抗电弧能力和切削加工性能，其导电性、导热性和抗疲劳性显著增强，以符合电子元器件的性能要求[36~38]。向锡合金中加入部分碲，能降低锡合金的晶粒尺寸，显著提高其抗拉性能，抑制其冷变形时塑性和韧性下降的现象；向铅合金中添加碲，碲可与其中氧发生作用，改善铅合金在使用时被腐蚀，同时可以提高铅合金生成新晶粒的温度，增加铅合金的强度和韧性[39,40]，在铅中添加碲可用于制作电缆的护套，如石油潜孔泵[41]。

另外，碲可有效防止轴瓦合金组织结构的不均匀性，提高其机械强度，增加其疲劳极限[42,43]。同时，镁可有效抑制镁合金易被腐蚀的现象，但加碲时放强热，因此需要缓慢加入[44]。向铝中加入碲可增加其锻造性能[45]。向镁铝合金中添加 0.01%~0.1%的碲和少量铬，可改善其抗应力腐蚀性能[46]。向高钴型磁合金中添加大于 0.7%碲，能提高其矫顽力[47]。

1.1.2.2 石油化工工业

在石油化工领域，碲与碲化合物可用作石油裂化、煤的氢化、有机化合物合成、氯化及脱氯过程的催化剂[48]；橡胶中添加部分碲，可提高其耐高温氧化、机械强度和抗腐蚀性能，防止橡胶老化而导致其性能下降。掺碲橡胶能为传输机、挖掘机、挖泥机、传送带等设备电缆提供良好的保护性[49]。同时，碲在镍电镀中也起重要的作用，Na_2TeO_3 常被用作镍电渡的添加剂，其可显著增加电镀镍抗腐蚀性能[50]。碲还能延长聚甲基硅氧烷的使用寿命。此外，由于碲具有较小的电负性，因此还可用作制造延迟爆炸的装置。

1.1.2.3 电子和电气工业

碲和碲化物是良好的半导体材料。碲和碲化物的热电转化和光电转化效率高，是热电制冷、红外探测、光伏太阳能电池的关键材料。

碲化镉（CdTe）是一种化合物半导体，由于其带隙为 1.45V，非常适合光电能量转化，对日光、红外辐射的吸收率可达 30%，CdTe 的大面积成膜也比较简单，且成膜效率高，因此，CdTe 薄膜太阳能电池相比硅基太阳能电池生产成本低[51]，是一种理想的太阳能电池，是太阳能电池的发展方向[52]。目前，世界各国都针对 CdTe 薄膜太阳能电池进行了大量的研发工作。

热电材料是一种能实现电能和热能互相转化的材料，该材料在军事应用作用很大，引起了科学研究者的广泛关注。Bi_2Te_3、GeSi/PbTe、GeTe/PbTe、GeTe/PbTe、GeTe、PbTe、AgSbTe 和（PbSn)Te 等半导体化合物，不但热电动势和导电性较高，而且导热系数较小，为温差发电片的关键材料，在热电领域被普遍采用[53]。其中，Bi_2Te_3 是目前最成熟和最热门的热电材料之一。HgCdTe 合金具有禁带宽度大和电子有效质量小的特点，是加工生产红外探测器最理想的材料。HgCdTe 红外探测器具有灵敏度高、电流小、干扰低、响应快、探测效率高的特点，常用作热成像、二氧化碳激光探测、激光雷达、导弹制导和光谱探测等材料[54,55]。GeSbTe 合金由于具有优良的相变存储性能，是制作可擦写存储光盘的主要材料[56]。

1.1.2.4 玻璃陶瓷

二氧化碲是制备特殊用途玻璃的关键材料[57~59]。向玻璃中掺碲，可显著提高其折射率（2.1 以上）和热膨胀系数，改善其密度、介电常数和红外穿透性，同时降低其形变温度。碲掺杂玻璃由于具有红外透过范围广、光敏性良好和软化温度低的特性，已成为制作红外窗口、光导摄像管和真空密闭半导体元件的关键材料。

碲由于其具有强着色性，是制作彩色玻璃和陶瓷关键材料[60]。反过来，碲也可用作玻璃的脱色剂。另外，向玻璃中加入碲，还能有效提高玻璃的隔热性，可用作制作隔热玻璃。

1.1.2.5 医药及其他

由于碲和碲化物具有许多优良的特性，碲在医药领域也应用十分广泛。碲能用于制作消毒剂、杀菌剂、除藻剂和杀寄生虫剂。同时，有机碲的化合物具有抗肿瘤的作用，同时还能抑制白血病细胞增殖[61~63]。另外，碲还可用于生产治疗状腺疾病的放射性碘[64]。

硒碲合金可用作静电印刷中光谱响应区域。向铅锡锑焊料添加 0.04%～0.3%碲可减少焊接时焊缝的枝状晶、毛刺、气孔率。

2000～2017 年工业级碲（99.95%）的价格走势如图 1-1 所示。20 世纪 80 年代中期，碲的价格约为每千克22美元，碲年产量约为100t[65]。到2003年，碲年产量增长至300t[66]。从2004年起，美国First Solar扩大了CdTe薄膜太阳能电池产能，强烈刺激了碲的价格，碲的价格出现了三个高峰，并在2011年达到了顶峰，约为每千克350美元。但此时，太阳能电池市场的供过于求以及非晶硅价格急剧下降导致了碲的价格大幅下降，到2016年，碲价格基本维持在每千克40美元左右。

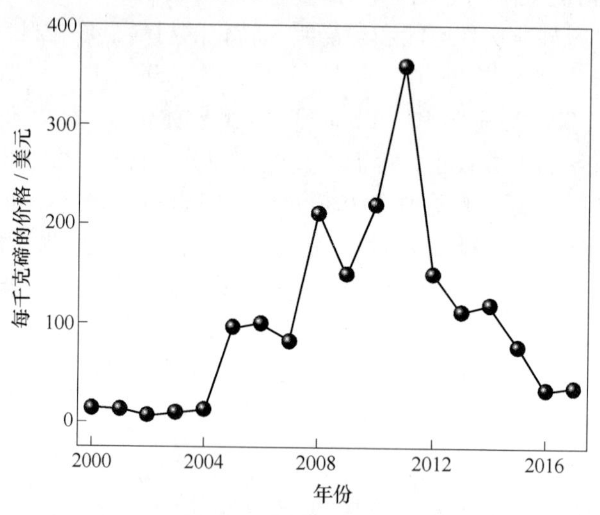

图1-1 2000~2017年碲（99.95%）价格走势[67~71]

1.2 碲的资源状况

1.2.1 碲的发现

1782年，奥地利矿物学家和化学家F. J. Muller在特兰西瓦尼亚（罗马尼亚）的金矿中发现了一种特殊矿石，最初被认为是锑或铋的混合物[72~74]，直到1798年，这种特殊矿石被德国矿物学家M. H. Klaproth证明，其不是锑和铋的混合物，而是一种新物质，并将其命名为Tellus（地球），元素符号为Te，译作碲(Tellurium)。

1.2.2 碲的资源特点

碲属于稀散金属元素，其在地壳中的丰度很低。它的丰度为0.001~0.005g/L，其丰度甚至低于地壳中金（0.0031g/L）和铂的丰度（0.0037g/L）[14, 75]。

由于碲在地壳中含量很低，导致其被认为：碲在地壳中不存在独立原生矿。但是，1991年，在开采硫铁矿过程中，在四川省石棉县大水沟发现碲铋矿，这是世界上第一个有报道的独立原生碲矿[76]，证明了碲在地壳中也形成了独立原生碲矿，这在碲资源认识方面取得了突破性的进展。此后，国内外对碲的矿物进行了系列地质勘探，发现了许多含碲、金、银等的多金属矿床，例如：美国科罗拉州的 Cripple Creek 和蒙大拿州 Golden Sunlight 碲金矿床、斐济的 Tavatu 和 Emperor 碲金矿床和澳大利亚的 Kalgoorlie 碲金矿床，以及我国山东归来庄碲金矿床、河南北岭碲化物型金矿和湖南大坊金银碲化物型多金属矿床等[77~79]。因此，碲不但可以在地壳中富集成矿，而且能形成具有独立原生的、具有开采价值的矿床。

碲的主要矿物见表 1-2。由表 1-2 可知，在自然环境中，碲除了可以形成自然碲外，碲在矿物中主要表现为-2 价或-3 价，与金属形成相应的金属碲化物，如碲汞矿 HgTe、碲银矿 Ag_2Te、碲锑矿 Sb_2Te_3 和楚碲铋矿 BiTe 等；除此之外，碲在矿物中也表现为+4 价或+6 价，如黄碲矿 TeO_2、碲铅华 $PbTeO_3$、复碲铅石 $PbH_2(TeO_3)(TeO_6)$ 和赤路矿 $Bi_6Te_2Mo_2O_2$ 等。另外，碲和硫、硒的性质很相似，碲元素可以进入硫化物的晶格形成碲硫化物矿物，如铋银矿 $Ag_3Bi(S, Te)_3$，碲黝铜矿 $Cu_{12-x}(Sb, As)_4(Te, S)_{13}$；碲还可以与砷、锑、铋等形成复杂含碲矿物，如硫锑铋镍矿 $Ni_9(Bi, Sb, As, Te)_2S_8$ 等。

表 1-2 碲的主要矿物[80,81]

矿物名称	化学式	矿物名称	化学式
自然碲	Te	黑碲铜矿	CuTe
碲铋矿	Bi_2Te_3	斜方碲铁矿	$FeTe_2$
辉碲铋矿	Bi_2Te_2S	碲铅华	$PbTeO_3$
硫碲铋矿	$Bi_3Te(S, Se)$	绿铁碲矿	$Fe(TeO_3)_3 \cdot 2H_2O$
叶碲铋矿	BiTe	碲铜矿	$Cu(Te, S)O_4 \cdot 2H_2O$
碲金矿	$AuTe_2$	碲铋华	$BiTeO_6 \cdot 2H_2O$
针碲金银矿	$AgAuTe_4$	黄碲矿	TeO_2
碲银矿	Ag_2Te	碲汞矿	HgTe
碲锑矿	Sb_2Te_3	楚碲铋矿	BiTe
复碲铅石	$PbII_2(TeO_3)(TcO_6)$	赤路矿	$Bi_6Te_2Mo_2O_2$
铋银矿	$Ag_3Bi(S, Te)_3$	碲黝铜矿	$Cu_{12-x}(Sb, As)_4(Te, S)_{13}$
硫锑铋镍矿	$Ni_9(Bi, Sb, As, Te)_2S_8$		

不过，碲的独立矿床很少，碲大部分都伴生在铜、铅、金和银的矿物中。2018 年，美国地质勘探局根据生产 1t 铜可以获得 0.065kg 碲进行推测，以铜资源的数量，推算出全球碲储量约为 31000t，储量基础约为 38000t，主要分布在中国、秘鲁、美国、加拿大和瑞典等国家[82]，其中，我国碲储量占 21%，居世界首位（见图 1-2）。

我国现已发现碲矿 30 余处，分散在全国 16 个省（区）。其中，江西省、广东省和甘肃省的碲资源最丰富，其分别占全国储量的 41.6%、41.3% 和 10.7%[84,85]，而这三个省份的碲资源又主要来源于广东曲江大宝山碲矿床、江西九江城门山铜矿和甘肃金川白家嘴子碲矿床这三个矿床，三者储量之和占我国碲储

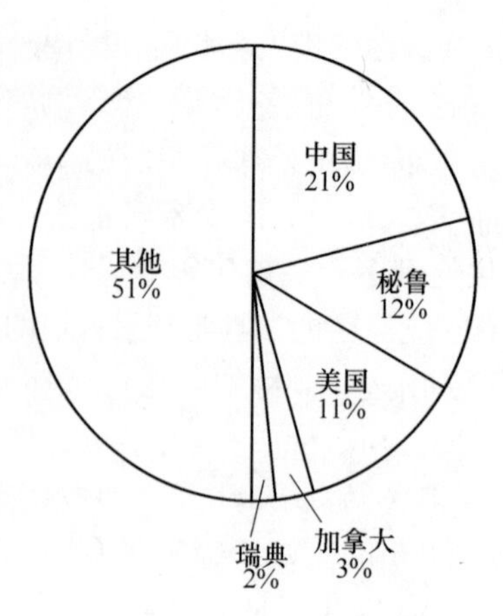

图 1-2 2018 年全球碲资源占比[83]

量的94%。我国碲资源矿床主要为热液型多金属矿床（占全国碲储量44.77%）、矽卡岩型铜矿床（43.89%）和岩浆铜镍硫化物型矿床（11.34%）[86]。

碲主要以伴生元素的形式，集中在工业品位的铜矿床和铅矿床中，而且工业品位铜矿中的碲含量约为铅矿床中基础储量的 4 倍。另外，在煤矿中也储有一定量的碲，其含量约为 $0.015\times10^{-4}\%$[87]，这是工业品位铜矿床中碲含量的 4 倍，但近期从煤中回收碲较为困难。除此之外，太平洋、大西洋和印度洋深海底沉积物和多金属结核中也含 0.1%～0.5%的碲[88]，铁锰结核中含约 0.9%的碲，富钴结壳中碲高达 4.6%左右[89]，这是可供未来开采的碲的巨大的补充资源。

1.3 含碲物料处理工艺概况

碲作为一种稀散金属元素，在地壳中分布比较分散。地壳具有经济开采价值的独立原生碲矿床很少，碲主要作为伴生元素，集中在铜、铅、金、银的矿床中[90]。目前，碲主要从铜、铅阳极泥处理过程得到的含碲物料中分离回收，另外，铋阳极泥、硫酸生产过程产生的酸泥及生产纸浆的洗涤泥中也是回收碲的原料[91~93]。碲在这些含碲物料中具有不同的价态、形态和物相，因此，采用的处理流程也各不相同。目前，国内外碲的处理工艺主要分为火法、湿法及微生物法三种。

1.3.1 火法处理工艺

1.3.1.1 纯碱焙烧法

纯碱焙烧法提碲，是通过含碲物料与碳酸钠及氧化剂三者充分混合为浓膏，然后进行焙烧，控制焙烧温度为530~650℃。碲在焙烧过程被氧化并和碳酸钠反应转化为碲酸钠，硒在焙烧过程中转化为硒酸钠[94]。焙砂通过破碎后再水浸，此过程中，硒酸钠由于水溶性较好而进入溶液，碲酸钠由于其在水溶液及碱溶液中水溶性较差而富集于浸出渣中，实现硒、碲的分离。

$$Na_2TeO_4 + H_2SO_4 = H_2TeO_4 + Na_2SO_4 \tag{1-9}$$

向 H_2TeO_4 溶液中通入 HCl 溶液和 SO_2，H_2TeO_4 可被其还原为单质碲。

$$H_2TeO_4 + 2HCl = H_2TeO_3 + H_2O + Cl_2\uparrow \tag{1-10}$$

$$H_2TeO_3 + H_2O + 2SO_2 = 2H_2SO_4 + Te\downarrow \tag{1-11}$$

另外，控制溶液 pH 值，将亚硫酸钠添加至溶液中，H_2TeO_4 可被还原为 TeO_2 或者单质碲。

$$H_2TeO_4 + Na_2SO_3 = TeO_2\downarrow + Na_2SO_4 + H_2O \tag{1-12}$$

在氢氧化钠溶液中，通过电解亚碲酸钠可获得碲。

$$Na_2TeO_3 + H_2O = Te + 2NaOH + O_2\uparrow \tag{1-13}$$

钟勇[95]系统研究了采用纯碱焙烧法从高含硒碲和贵金属物料中分离回收碲的过程。其主要过程为：将含碲富料与质量比分别为10∶7、10∶1的 Na_2CO_3、$NaClO_3$ 混合均匀，在600℃温度下焙烧2.5h，得到的焙砂在浸出时间为2.5h、浸出温度为75℃、NaOH质量浓度10%、液固比5∶1的条件下进行浸出，硒、碲浸出率均可达95%以上，且贵金属留在固相中。

纯碱焙烧法具有原料适应性强、处理规模大、贵金属回收率高和设备要求较低且腐蚀性相对较小的特点，缺点是流程长、操作复杂、回收率较低。

典型纯碱焙烧法提取碲的工艺流程如图1-3所示。

1.3.1.2 硫酸化焙烧法

硫酸化焙烧法是处理碲化铜渣的一种常用方法[97]。碲化铜渣中主要物相为铜粉、Cu_2Te 和 Cu_2Se，除含有铜、碲、硒外，还含有少量稀贵金属[98]。该法主要利用硒和碲四价氧化物在500~600℃的焙烧温度下的挥发性不同。

在硫酸化焙烧过程中，铜、碲化铜和硒化铜等转变为硫酸盐，硒则被氧化为 SeO_2，SeO_2 由于沸点较低挥发进入气相，进而溶解于吸收塔中的水中，转化为 H_2SeO_3，气相中除了 SeO_2 外还含有焙烧反应生成的 SO_2，SO_2 也溶解于水中生成 H_2SO_3，H_2SeO_3 则被 H_2SO_3 还原为单质硒。而碲则转变为易溶于碱的 TeO_2 留在焙砂中。发生的主要反应如下[99]：

$$Cu + 2H_2SO_4 = CuSO_4 + 2H_2O + SO_2\uparrow \tag{1-14}$$

$$Cu_2Te + 6H_2SO_4 = 2CuSO_4 + TeO_2 + 4SO_2\uparrow + 6H_2O \tag{1-15}$$

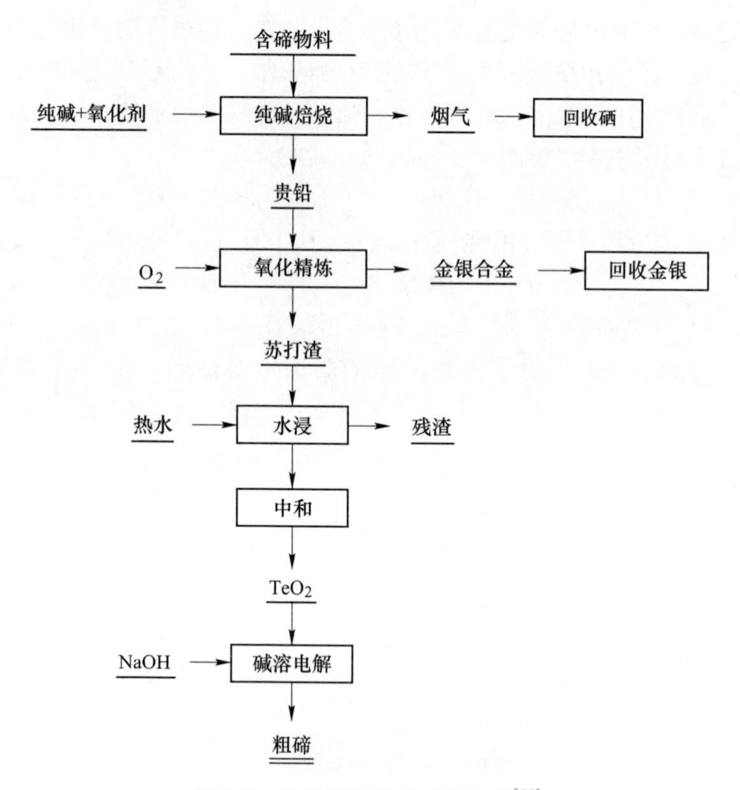

图 1-3 纯碱焙烧提碲工艺流程[96]

$$Cu_2Se + 6H_2SO_4 = 2CuSO_4 + SeO_2\uparrow + 4SO_2\uparrow + 6H_2O \quad (1\text{-}16)$$

$$SeO_2 + H_2O = H_2SeO_3 \quad (1\text{-}17)$$

$$H_2SeO_3 + 2SO_2 + H_2O = Se + 2H_2SO_4 \quad (1\text{-}18)$$

焙砂中的铜主要为硫酸铜，用水浸出，铜转入溶液，碲则留在浸出渣中。浸出过程一般加入少量的氯化钠，以防止焙砂中的银进入到溶液中，该过程发生的主要反应为[100]：

$$Ag_2SO_4 + 2Cl^- = 2AgCl\downarrow + SO_4^{2-} \quad (1\text{-}19)$$

水浸渣中的碲则利用碱浸→中和沉碲→碱溶电解实现碲的分离回收，主要反应式为：

$$TeO_2 + 2NaOH = Na_2TeO_3 + H_2O \quad (1\text{-}20)$$

$$TeO_3^{2-} + 2H^+ = TeO_2\downarrow + H_2O \quad (1\text{-}21)$$

邱亚丽[101]采用硫酸化焙烧蒸硒、水浸分铜、酸浸分碲工艺处理铜沉淀渣，在适宜条件下，硒、铜、碲回收率分别为 90.21%、96.32%和 80.82%。

张伟旗等人[102]采用硫酸化焙烧法处理锑铋碲合金粉，使碲转型为二氧化碲，而锑、铋则与硫酸反应生成为相应硫酸盐；采用碱性浸出处理焙砂，选择性地分

离其中的碲，而使锑、铋富集于浸出渣中；采用硫酸将含碲溶液酸化，并控制较高的反应温度，得到二氧化碲产品。

硫酸化焙烧的主要优点是：（1）适合处理含硒碲物料，原料适应性强；（2）硒通过转化为二氧化硒挥发而被 SO_2 还原回收，流程短、损失小、成本低；（3）金属综合回收效果较好。但工业生产中并不推荐此工艺，因为工艺流程长、能耗高、碲回收较低。

硫酸化焙烧法提碲流程如图 1-4 所示。

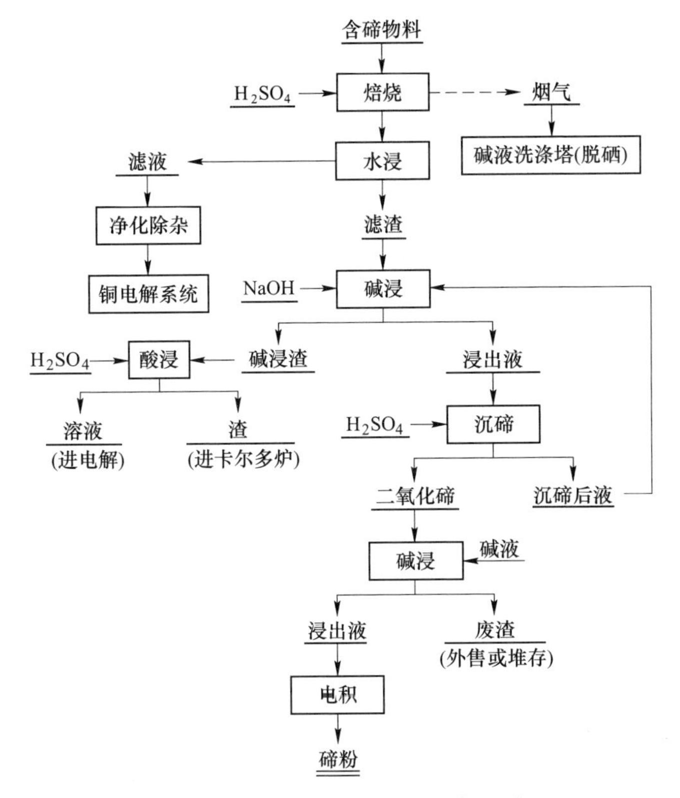

图 1-4 硫酸化焙烧提碲流程[103,104]

1.3.1.3 氧化焙烧法

在低温下含碲物料氧化焙烧，铜、镍和碲转变为相应的氧化物，而硒以二氧化硒的形式挥发。

$$2Cu + O_2 = 2CuO \tag{1-22}$$

$$Te + O_2 = TeO_2 \tag{1-23}$$

$$2CuSe + 3O_2 = 2CuO + 2SeO_2 \tag{1-24}$$

$$Cu_2Te + 2O_2 = 2CuO + TeO_2 \quad (1\text{-}25)$$

焙烧温度是含碲物料氧化焙烧的关键影响因素，当炉温较低时，硒的挥发不充分而导致硒、碲分离不彻底；当炉温较高时，炉料易熔化烧结成块而抑制硒的挥发。工业实践表明[105]：含碲物料氧化焙烧时，前期炉温一般控制为650～700℃，后期炉温调整为700～800℃，此时，硒的挥发率达90%，实现硒和铜、镍和碲的分离。接着，采用碱性浸出处理焙烧得到的焙砂，碲可被选择性分离至溶液中，而铜、镍等则富集于浸出渣中。

Lu等人[106]采用氧化焙烧→碱浸脱硒→酸浸脱除铜碲的工艺处理高镍铜阳极泥。在NaOH加入量为铜阳极泥的10%、焙烧温度500℃下焙烧1.5h；焙砂在20g/L NaOH、浸出温度80℃、液固比5：1的条件下浸出1h；碱浸渣在H_2SO_4浓度为5%、浸出温度为70℃、液固比20：1的条件下浸出1h。在此条件下，硒的脱除率达95.59%，铜、碲的脱除率分别达96.18%、98.48%，实现了高镍铜阳极泥中的硒、碲的高效依次脱除。

氧化焙烧法的主要优点是：硒的回收率高，能有效实现碲和硒的分离；但该法生产周期较长，能耗较高。

1.3.2 湿法处理工艺

1.3.2.1 水浸法

阳极泥熔炼产出的贵铅经分银炉熔炼后产出的碲渣中铋、铜、碲、锑、铅等基本以氧化态形式存在，碲主要以亚碲酸盐的形式存在，亚碲酸盐为水溶性的物质，采用水浸可以使这部分碲浸出。用水浸出后加入Na_2S，可使重金属铅等杂质被硫化而除去，然后加入少量的$CaCl_2$可以脱除一部分硅。净化后的浸出液经中和沉碲可获得二氧化碲，二氧化碲通过煅烧、浸出、电解提纯工序可加工成碲产品，主要的化学反应为[107,108]：

$$Na_2PbO_2 + Na_2S + 2H_2O = PbS + 4NaOH \quad (1\text{-}26)$$

$$Na_2SiO_3 + CaCl_2 = CaSiO_3 + 2NaCl \quad (1\text{-}27)$$

$$Na_2TeO_3 + H_2SO_4 = TeO_2\downarrow + Na_2SO_4 + H_2O \quad (1\text{-}28)$$

方锦等人[109]采用球磨水浸→净化→中和沉碲→煅烧→碱液浸出→电解的工艺处理铅阳极泥经分银炉精炼后产出的碲渣，碲的回收率为80%左右。

何从行[110]研究了碲渣综合回收工艺。采用磨矿水浸提碲，浸碲渣氯盐浸铜铋，浸铋渣返回火法系统的流程处理，有价金属回收率分别为碲77.14%、铋94.58%、铜89.20%、金98.92%、银98.32%。

该方法试剂消耗较少，但原料适应性较差、碲回收率低、流程长。

水浸法提碲的工艺流程如图1-5所示。

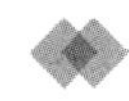

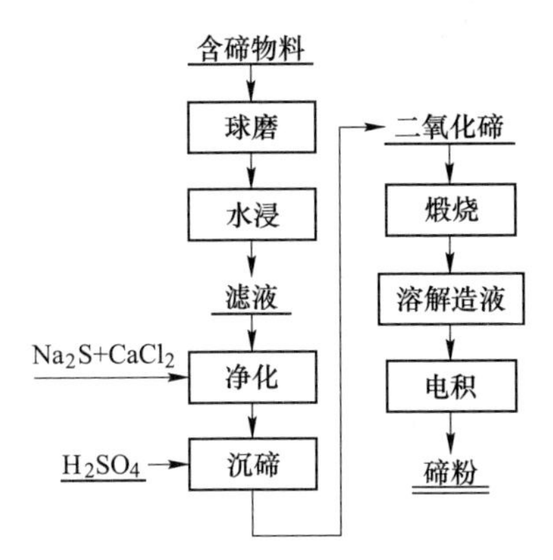

图 1-5 水浸法提碲工艺流程[111]

1.3.2.2 碱浸法

A 常规碱浸法

常规碱浸主要采用 NaOH 为浸出剂，碱性浸出时，碲单质与化合物等与碱反应转化为可溶性亚碲酸钠，硒与碲化学性质类似，在碱性溶液的浸出行为与碲基本一致，硅在碱性溶液中转化为可溶性的硅酸盐，铜与碱基本不反应，碱浸后采用净化→中和沉碲→煅烧→碱液浸出→电解的工艺进一步回收碲。碱浸过程主要反应如下：

$$Te + 2NaOH + O_2 = Na_2TeO_3 + H_2O \quad (1\text{-}29)$$

$$TeO_2 + 2NaOH = Na_2TeO_3 + H_2O \quad (1\text{-}30)$$

$$Se + 2NaOH + O_2 = Na_2SeO_3 + H_2O \quad (1\text{-}31)$$

$$SeO_2 + 2NaOH = Na_2SeO_3 + H_2O \quad (1\text{-}32)$$

$$SiO_2 + 2NaOH = Na_2SiO_3 + H_2O \quad (1\text{-}33)$$

符世继等人[112]采用常规碱性浸出法处理铅阳极泥处理过程产生的含碲物料，在 NaOH 25g/L、浸出温度 85℃、浸出时间 4h 时，碲浸出率为 85%左右。

王少锋等人[113]采用碱性浸出法提取碲。用正交实验设计法优化了反应温度、NaOH 浓度、液固比和反应时间等工艺参数。研究结果表明：在反应温度 95℃、NaOH 浓度 4mol/L、液固比 6∶1 和反应时间 3h 的条件下碲的浸出率达 99.06%。

常规碱浸法提碲对主要物相为二氧化碲、亚碲酸钠的原料效果较好，但含碲化物的物料则效果较差。

B 氧化碱浸法

氧化碱浸法是在常规碱浸的基础上，向体系中加入氧化剂，提高体系的电位以使碲化物、碲单质形态的碲浸出到溶液中，主要的氧化剂为向体系中通入空气、氧气等或者加入过氧化氢等氧化剂。其工艺流程图如图 1-6 所示。

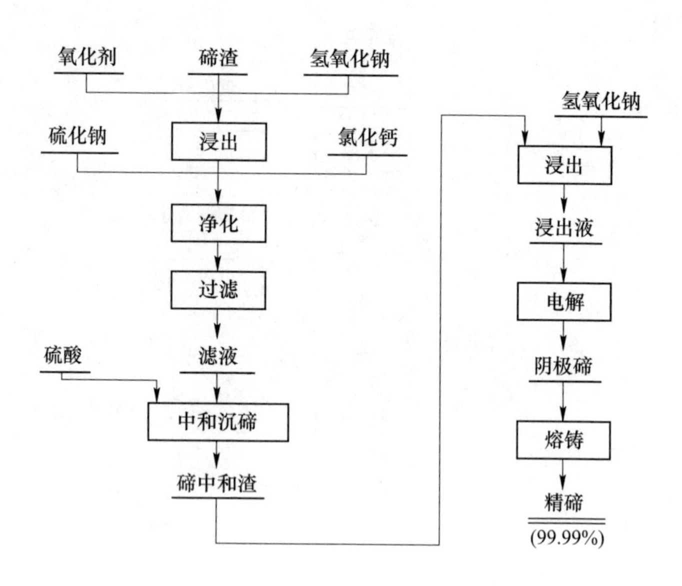

图 1-6 氧化碱浸法提取碲工艺流程[114]

该工艺的主要过程为：采用 NaOH 溶液作为浸出剂，其浓度一般控制为 100~120g/L，反应温度设置为 80~90℃，在液固比为 100~200g/L 的条件下进行碲的浸出。然后向碲浸出液加入 Na_2S 和 $CaCl_2$，以除去浸出液中 Cu、Pb 和 Si 等杂质，接着向净化后的浸出液中加入 H_2SO_4 溶液进行中和沉碲，控制终点 pH 值为 5.0~6.0，然后在 400~450℃温度下煅烧中和沉碲渣，使渣中易挥发的硒和汞等杂质进一步脱除，接着用 80~120g/L NaOH 溶液浸出二氧化碲煅烧渣，得到碲电解液，最后通过碲电解得到阴极碲，阴极碲再熔铸得到 99.99%碲锭，碲电解后液经提取残留碲后可进行回用。

彭映林等人[115]采用过氧化氢氧化碱浸分离铂钯精矿中硒碲，在过氧化氢用量为 250mL/L、NaOH 浓度为 5mol/L、反应温度为 85℃、液固比为 5∶1、反应时间为 2h 的条件下，硒和碲的浸出率分别为 82.49%和 92.45%，金、铂和钯均未被浸出。

目前，工业上碲大部分采用此工艺进行碲的分离回收[116]，该工艺原料适用性强，但需要严格控制体系氧化电位，防止碲被氧化为不溶性的碲酸钠。浸出后铜、铋、锑等金属富集于浸出渣中，该浸出渣一般返回还原熔炼工序进行重新富集，这不仅导致碲的直收率低、影响金银的回收，而且富含的铜、铋、锑等有价金属未能直接得到回收。

C 加压氧化碱浸法

加压氧化碱浸法是在高压反应釜中进行的，一般采用 NaOH 作为浸出剂，以

O_2 或空气为氧化剂，通过控制气体总压、O_2 分压和反应温度等条件，对含碲物料进行强化浸出，使碲转化为 Na_2TeO_3 进入溶液中，而使铜、镍等进入浸出渣中，而实现碲和其他金属的分离，向含碲溶液中加入稀硫酸溶液，使终点溶液 pH 值为 5~6，并控制反应温度为 95℃以上，即可得到粗 TeO_2，其主要化学反应为：

$$2NaOH + 2Me_2Te + 5O_2 + H_2O = Na_2TeO_3 + 2Me(OH)_2\downarrow \quad (1\text{-}34)$$

$$Te + 2NaOH + O_2 = Na_2TeO_3 + H_2O \quad (1\text{-}35)$$

碱浸渣中的铜可通过酸浸的方式回收。

Fan 等人[117]采用加压氧化碱浸法处理高碲物料，在液固比 6∶1，游离 NaOH 浓度 30~40g/L，时间 6h，压缩空气总压力 1.0MPa，温度 120℃±5℃，搅拌速度 400r/min 的条件下，碲浸出率达 90%，而硒浸出率仅为 3%左右，实现了原料中硒和碲的选择性分离。

祝志兵[118]采用加压氧化碱浸法处理碲铜复杂物料，在研究了游离 NaOH 浓度、固液比、浸出时间、浸出压力、浸出温度对浸出效果的影响。研究结果表明，游离 NaOH 浓度为 40g/L、固液比为 1∶7、浸出时间为 6h、浸出压力为 0.9MPa、浸出温度为 120℃时，碲回收率大于 95%。

加压氧化碱浸法具有碲浸出率高、金属分离效果好的优点。但是该工艺对设备材质要求高，O_2 消耗量大，生产成本较高[119]。

1.3.2.3 酸浸法

A 常规酸浸

常规酸浸法主要采用 H_2SO_4 或 HCl 为浸出剂，酸浸时，亚碲酸盐和碲酸盐与酸反应转化为可溶性的 $TeO(OH)^+$、H_2TeO_3、H_2TeO_4、Te^{4+}、Te^{6+} 而进入溶液。酸浸过程主要反应如下：

$$TeO_2 + H^+ \longrightarrow TeO(OH)^+ \quad (1\text{-}36)$$

$$TeO_3^{2-} + 2H^+ = H_2TeO_3 \quad (1\text{-}37)$$

$$Na_2TeO_4 + 2H^+ = 2Na^+ + H_2TeO_4 \quad (1\text{-}38)$$

郑雅杰等人[120]采用硫酸浸出处理铜阳极泥处理过程产生的中和渣。研究结果表明：当 H_2SO_4 过量系数为 1.5、浸出温度为 30℃、浸出时间为 0.5h、H_2SO_4 浓度为 53.9g/L 时，碲的浸出率达 99.99%。

赖建林等人[121]采用酸浸—还原—电积工艺处理精碲生产产出的电积阳极泥，碲回收率大于 90%，精碲质量优于国标 1 号精碲要求。

常规酸浸法提碲对主要物相为二氧化碲、亚碲酸盐和碲酸盐的原料效果较好，但含碲化物的复杂物料则效果较差。

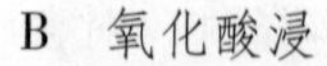

B 氧化酸浸

氧化酸浸法是以 $FeCl_3$、H_2O_2、$KMnO_4$、MnO_2、O_2、O_3 和空气等作为氧化剂，在硫酸或者盐酸体系，将碲氧化使其进入溶液中。

刘建华等人[122]采用氧化酸浸法处理从铜阳极泥处理过程中产生的含碲物料，研究了氧化剂种类及用量、酸浓度和浸出时间等因素对碲分离效果的影响，确定了优化工艺条件：酸浓度 3.6mol/L、浸出温度 80℃、液固比 10：1、氧化剂加入量为 2%、浸出时间 5h。在此条件下，碲浸出率达 90.09%，铜浸出率达 97.81%，该含碲、铜的浸出液可进一步分离提取碲。

陈昆昆等人[123]采用 H_2SO_4-H_2O_2 体系从含贵金属的富碲渣中选择性提取碲，当反应温度为 25℃，反应时间为 150min，H_2O_2（30%）用量为 2 倍理论用量，H_2SO_4 浓度为 4mol/L，硫酸与富碲渣的液固比为 6：1 时，碲浸出率达到 98.53%。

郭学益等人[124]基于 AOP（高级氧化技术），在硫酸体系中氧化浸出碲渣。结果表明：在 NaCl 浓度 0.75mol/L、H_2O_2 体积分数 20%、H_2O_2 滴加速度 1.2mL/min、H_2SO_4 浓度 2.76mol/L、浸出温度 60℃、浸出时间 2.5h、气体流速 2.5L/min 和液固比为 10 的条件下，碲、铜和铋的浸出率分别达 95.75%、91.88%和 90.23%，而锑和铅的浸出率仅分别为 4.84%和 0.08%，实现了碲渣中碲的高效浸出及有价金属的有效分离和富集。

氧化酸浸法提碲减免了焙烧工序、缩短了工艺流程和生产周期，对于含碲酸钠的含碲物料适应性较好，优先除铜，有利铜和碲的分离，同时尽可能避免了贵金属的分散，有利于碲和贵金属的回收；但该法选择性较差，含碲溶液杂质元素较多，所得碲纯度不高，且盐酸体系氯化钠腐蚀较严重，在操作中会有 Cl_2 产生。

C 加压氧化酸浸

加压氧化酸浸一般采用硫酸体系，以 O_2 或空气为氧化剂，通过控制气体总压、O_2 分压和反应温度等条件，对含碲物料进行强化浸出，使其中的碲转化为碱式硫酸碲（$2TeO_2 \cdot SO_3$），而进入到溶液中。

张博亚等人[125]采用加压氧化酸浸法对铜阳极泥中碲的脱除进行了研究。实验结果表明：采用加压氧化酸浸法，在温度 170℃、反应时间 120min、酸度 125g/L、压力 1.0MPa、液固比 4：1 的条件下，铜浸出率达 99.4%，碲浸出率为 58%，银的浸出率很小，很好地实现了杂质元素与贵金属元素的分离富集。

加压氧化酸浸法优点为金、银损失小，铜的脱除率高，但碲的回收率较低，且对设备材质要求较高。

1.3.2.4 氯化法

氯化法是采用 H_2SO_4/HCl-NaCl 体系作为浸出剂，$NaClO_3$ 为氧化剂，使含碲

物料中的碲转化为 $TeCl_4$ 而进入溶液，其主要反应式如下[126]：

$$Ag_2Se + 3Cl_2 = 2AgCl + SeCl_4 \quad (1\text{-}39)$$

$$Cu_2Te + 4Cl_2 = 2CuCl_2 + TeCl_4 \quad (1\text{-}40)$$

$$SeCl_4 + 3H_2O = H_2SeO_3 + 4HCl \quad (1\text{-}41)$$

$$TeCl_4 + 3H_2O = H_2TeO_3 + 4HCl \quad (1\text{-}42)$$

氯化提碲的工艺流程如图 1-7 所示。

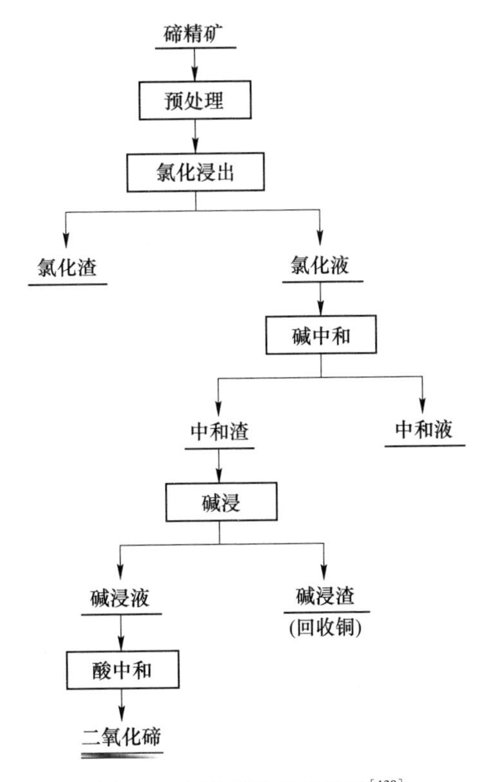

图 1-7　氯化提碲工艺流程[130]

胡意文等人[127]以阳极泥处理所产中间料渣为原料，研究了氯化法对复杂稀贵金属物料中稀贵金属元素的分离和浸出作用，通过单因素法优化了 $NaClO_3$ 浓度、H_2SO_4 浓度、液固比、浸出温度和时间等工艺参数。结果表明：将物料加入 110g/L H_2SO_4 和 20g/L $NaClO_3$ 的混合溶液中，控制液固比为 3∶1，在 80℃下反应 150min，此时，碲浸出率达 94.0%，金浸出率达 99.0%，绝大部分银仍留于固渣中。

吴萍等人[128]采用 HCl-$NaClO_3$ 体系从铋碲精矿分离回收铋碲。在液固比 3.5∶1~4∶1、盐酸浓度 70~76g/L、氧化剂 100~110g/L、浸出温度 60℃、浸出时间 2.5h 条件下，碲浸出率达 94.83%，铋浸出率达 96.84%。

蒋新宇[129]也采用 HCl-$NaClO_3$ 体系处理铋碲矿，使碲和铋转化为 $TeCl_4$ 和 $BiCl_3$ 进入溶液，研究了碲和铋在不同盐酸浓度和不同反应温度下的浸出行为。结果表明，提高盐酸浓度和反应温度有利于碲和铋的浸出率。

刘伟渊[130]采用氯化法从铜碲渣中浸出铜和碲。当实验条件为：液固比 6∶1、$NaClO_3$ 加入量为每 500g 干料加入 100g、硫酸浓度 80～90g/L、浸出温度 90℃、浸出时间 4h 的条件下，铜浸出率达 95.93%，碲浸出率为 38.48%。

氯化法的优点为：对含碲物料适应性强、碲浸出率高、操作简单、反应速度快、便于控制；但是，氯气具有毒性和强烈腐蚀性，导致操作环境差，另外，氯化法的选择性较差，导致含碲溶液中杂质元素较多，加大了含碲溶液的处理难度。

1.3.2.5 铜置换法

当含碲物料氧化酸浸/加压酸浸与硫酸化焙烧和氧化焙烧焙砂水浸或酸浸时，碲和铜一起进入浸出液中，溶液中碲以四价或六价的形式存在，工业上，常向溶液中加入铜粉，使碲以碲化铜的形式沉淀下来，然后从碲化铜渣中进一步分离回收碲，分碲后液则进入铜电解系统回收铜[131]。该过程主要的化学反应为：

$$H_2TeO_3 + 2H_2SO_4 + 4Cu = Cu_2Te + 2CuSO_4 + 3H_2O \tag{1-43}$$

$$H_2TeO_4 + 3H_2SO_4 + 5Cu = Cu_2Te + 3CuSO_4 + 4H_2O \tag{1-44}$$

铜置换法应用非常广泛，国内外大多数的冶炼厂都采用铜置换法从含铜、碲溶液中分离回收碲。例如，加拿大萨德伯里的 CRED 冶炼厂、日本香川直岛冶炼厂、美国埃尔帕索弗里波特炼油厂、刚果 Luilu 冶金厂、中国中原黄金冶炼厂等[132~134]。

Mokmeli 等人[6]研究了铜置换法从铜阳极泥酸浸脱铜液中回收碲和铜的热力学和动力学机理。探索了在 10～100g/L H_2SO_4 溶液中，温度为 75～95℃ 时，Te(Ⅵ)被 Cu^+ 还原的反应级数，获得了还原反应的机理、反应速度控制步骤和反应速率方程。Te(Ⅵ) 被 Cu^+ 还原的反应速度常数为 $0.0297c_{H_2SO_4}^{1.35}c_{Cu^+}c_{Te Ⅵ}$。

王俊娥等人[135]优化了铜置换法从含铜碲硫酸溶液中回收碲的工艺参数。在往含铜碲硫酸溶液加入铜粉前，增加了亚硫酸钠还原的工序。利用亚硫酸钠还原碲的速率较快，且消耗较少的特点，先除去溶液中部分碲，然后再通过铜粉将溶液中残留的碲还原沉淀完全。

铜置换法由于反应过程简单、操作方便、能一步分离铜和碲，且过程不引入新的杂质元素，分碲含铜后液可直接返回铜电解系统，因而在国内外的冶炼厂被广泛应用。但是铜置换法也具有比较明显的缺点：铜粉消耗量大，铜不仅将碲还原为碲化铜渣，同时还与溶液中的二价铜离子发生反应，导致生产成本较高；还原所得的碲以碲化铜的形式存在，碲化铜性质比较稳定，为进一步回收碲，还需要较长的工艺流程。

1.3.2.6 SO_2 还原法

酸浸法处理含碲物料时，溶液中的碲主要以 Te(Ⅳ)、Te(Ⅵ) 的形式存在，SO_2 还原法是处理该溶液的一种重要方法，SO_2 也可用 Na_2SO_3 亚硫酸钠代替。SO_2 还原法主要利用 SO_2 的还原性将溶液中的 Te(Ⅳ)、Te(Ⅵ) 还原为粗二氧化碲或粗碲，其化学反应如下所示：

$$H_3TeO_3^+ + 2SO_2 + H_2O = Te\downarrow + 2SO_4^{2-} + 5H^+ \tag{1-45}$$

胡意文等人[136]采用 SO_2 还原法回收铂钯置换后液中的碲。结果表明，向铂钯置换后液中添加盐酸使其 Cl^- 浓度增加至 1.0mol/L，于 75℃通入 2h 的二氧化硫，溶液中 99%以上的碲被还原沉淀，所得粗碲粉中碲含量在 90%以上，杂质含量低。

董竑君等人[137]以二氧化硫为还原剂从铜阳极泥的酸浸含碲溶液中直接还原沉淀得到粗碲。结果表明，添加氯化钠有利于促进碲的还原，但也会增加铜的沉淀析出。在温度 80℃、氯化钠 40g/L、二氧化硫流量 92.8mL/min、还原时间 1.5h 的条件下碲的沉淀率为 99.03%、粗碲含碲 82.7%。

郑雅杰等人[138]采用催化还原法对含碲硫酸铜母液中的碲进行回收。结果表明，加入 NaCl、NaBr 和 KI 中任意一种物质后，SO_2 对 Te(Ⅳ) 的还原速度显著加快；在温度 85℃、NaCl 浓度 1mol/L、SO_2 流量为 40L/h、反应时间 2h 的条件下，Te(Ⅳ)还原率为 98.50%，Cu^{2+}沉淀率为 85.86%，所得沉淀产物为碲（质量分数：52.60%）、铜（质量分数：28.54%）和氯（质量分数：15.24%）的混合物。

SO_2 还原法是从酸性溶液回收碲的最常用的方法，该方法流程较短、还原率较高，但是还原产物中铜、硒等杂质元素含量高，且操作环境差。

1.3.2.7 溶剂萃取法

溶剂萃取法提碲，是利用溶液中碲和其他元素在萃取剂中的分配系数不同，而使碲进入有机相，进而被反萃取至溶液中，而实现碲的分离提取。碲溶剂萃取的体系一般为盐酸体系。

Hoh 等人[139]采用溶剂萃取法从含硒、碲盐酸溶液中分离回收碲。以煤油稀释的 30%（体积分数）磷酸三丁酯作为有机萃取剂，研究了萃取过程中硒与碲的行为。结果表明，在优化实验条件下，可以实现硒和碲之间的高效选择性分离，并且已经在实验室规模和中试规模下进行了广泛试验。

冯振华等人[140]采用溶剂萃取法分离碲铋矿盐酸浸出液中的碲（Ⅳ）和铁（Ⅲ），研究了萃取过程中碲和铁的行为。先采用异丙醚为萃取剂分离溶液中的铁，再用磷酸三丁酯萃取萃铁后液中的碲。结果表明：异丙醚萃取过程，在溶液酸度为 7.2mol/L 中，异丙醚与溶液相比为 3∶4，萃取时间为 1.5min 的条件下，铁萃取率达 99.92%，碲萃取率仅 1.60%；萃铁有机相利用蒸馏水反萃，铁全部被反萃至水相中。萃铁后液用煤油稀释的30%（体积分数）磷酸三丁酯萃取，在溶液酸度为6mol/L、油相水相比为1∶2和时间2min的条件下，碲萃取率98.7%，萃碲有机采用蒸馏水反萃，碲被全部洗脱。

Mandal等人[141]采用三异辛胺为萃取剂，在二甲苯中，进行盐酸体系中碲的分离提取。研究结果表明：在萃取剂浓度为33.9×10^{-3} mol/L、萃取时间2min、反应温度30℃、相比为1∶1的条件下，几乎100%的碲被萃取到油相中。采用0.1mol/L的盐酸溶液进行反萃，反萃2min后，油相中的碲全部被反萃到水相中。

溶剂萃取法回收碲具有选择性较高、操作比较方便、设备简单和生产周期短的特点，但是萃取体系对原料适应性较差。

1.3.2.8 吸附法

吸附法提碲，是通过某些吸附剂对溶液中碲，具有一定物理吸附或化学吸附作用，从而实现溶液中碲与其他元素的分离。目前报道的吸附剂主要为：TiO_2、MnO_2、$Fe(OH)_3$、Fe_2O_3、活性炭和树脂等。

Yu等人[142]以FeOOH的氢还原获得的磁性NZVFe作为吸附剂提取溶液中的碲。首先通过容易的水热反应制备纳米级FeOOH。然后，通过在氢气气氛中热还原FeOOH获得磁性纳米零价铁NZVFe。结果表明：在优化条件下，磁性NZVFe的吸附容量达190mg/g，碲的分离率达95%以上。

Pridachin等人[143]采用Si{113}分离溶液中碲和硒。结果表明，在温度低于450℃时，碲能被硅吸附，但不能形成完整的吸附层。Zhou等人[144]研究了不锈钢-Ni-Cu-Ag多层网状结构对废水中碲的吸附作用。研究表明：单独的不锈钢多层网对废水中碲没有吸附作用。随着多层网状结构中银涂层增加，废水中的碲可被有效吸附。另外，粒状的银涂层较平整的银涂层具有更大的比表面积，对碲的吸附作用更强。

吸附法提取碲具有工艺流程短且过程不会引入新的杂质，但该法对高浓度的含碲溶液适应性较差，且吸附剂的饱和吸附容量不理想。

1.3.3 微生物法

微生物法提碲，是利用微生物可以和碲发生氧化、吸附和还原作用，而实现碲的分离提取。

Rajwade等人[145]采用假单胞菌从溶液中分离提取碲，溶液中的Na_2TeO_3还原为单质碲而回收。该方法以蔗糖和磷酸氢二铵为碳源，在12h可回收10mg/L碲，碲的回收率达99.8%。该方法适用于处理碲浓度为10~100mg/L、pH值为5.5~8.5的溶液。张亮等人[146]也研究了假单胞菌从溶液中分离提取碲的过程。发现以丙酮酸作为碳源时，假单胞菌对溶液中的Na_2TeO_3的抗性最好，Na_2TeO_3的浓度可达2mol/L。

生物湿法冶金是冶金工业未来发展的理想方向之一，它利用微生物的生物氧化使碲浸出，不会造成污染[147,148]。微生物需要适当的温度，适量的氧气和有机物质的存在，因此，如何培育相应的微生物成为关键技术问题。

1.4 新工艺的提出

碲作为一种重要的稀散金属元素，在地壳中分布分散，其独立矿床很少，常伴生于铜、铅、铋等硫化矿中。工业上，碲主要从铜、铅阳极泥处理过程产生的含碲物料中回收。目前，碲的分离提取方法主要有火法处理工艺、湿法处理工艺和微生物法等，但这些技术在不同程度上仍面临原料适应性差、工艺流程长、金属回收率低等问题。

本书以铜、铅阳极泥处理过程产生的含碲物料为研究对象，基于其中有价金属的赋存状态特点，提出两段硫化钠浸出梯级分离提取含碲物料中有价金属的新工艺（见图 1-8），为含碲物料的清洁、高效、短流程的分离提取提供理论依据和技术支撑。

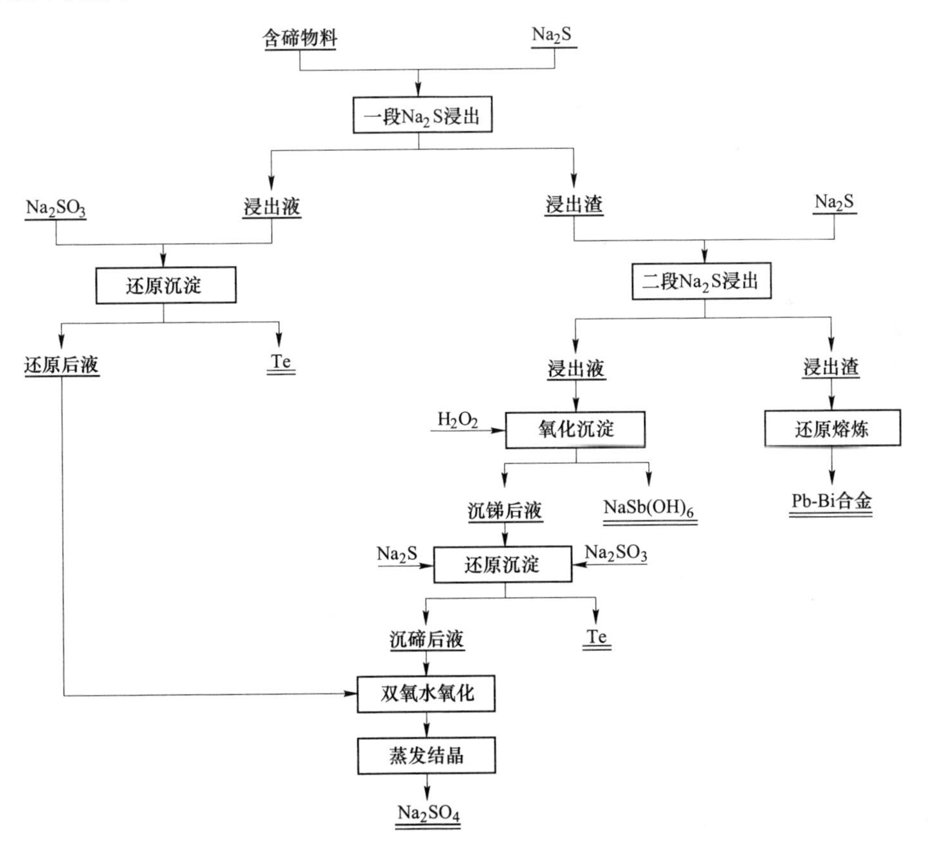

图 1-8　含碲物料梯级分离回收工艺流程

2 实验研究方法

2.1 实验原料

2.1.1 原料来源及特点

本节采用的实验原料是铜、铅阳极泥处理过程得到的含碲物料，由湖南省永兴县某有色金属冶炼企业提供。该原料是一种呈碱性的复杂化合物，质硬易碎，外表呈灰白色，具有一定吸水性。

2.1.2 化学组成分析

将含碲物料于110℃下干燥24h，然后破碎至粒径小于74μm，对其进行化学成分分析，结果见表2-1。

表2-1 含碲物料主要化学组成

元素	Sb	Te	Pb	Na	Bi	Zn	Si	Fe	Al
质量分数/%	23.60	11.60	11.50	9.74	5.21	1.71	2.29	2.16	1.49

由表2-1可知，该原料中碲含量达11.60%，其他主要组分锑、铅、铋、铁和锌含量分别为23.60%、11.50%、5.21%、2.16%和1.71%，具有较高的回收价值。

2.1.3 元素赋存特点分析

为明确含碲物料中各元素赋存状态，对其进行X射线衍射（XRD）分析，其结果如图2-1所示。为明晰含碲物料微观颗粒形貌特征，对其进行扫描电镜SEM分析，其SEM照片如图2-2所示。

由图2-1可知，含碲物料中锑的衍射峰与$NaSb(OH)_6$的标准峰匹配较好，表明含碲物料中锑主要以$NaSb(OH)_6$的形式存在。但其他主要组分碲、铅、铋、铁和锌的物相却未能在图谱中显现，其可能由于$NaSb(OH)_6$的衍射峰强度较大，而导致碲、铅、铋、铁和锌等元素的衍射峰被掩盖。

由图2-2可知，含碲物料呈现出大小不一、颜色基本一致的特征，颗粒尺寸分布区间为几微米到十几微米，颗粒形状为不规则块状和粒状，颗粒之间相互黏

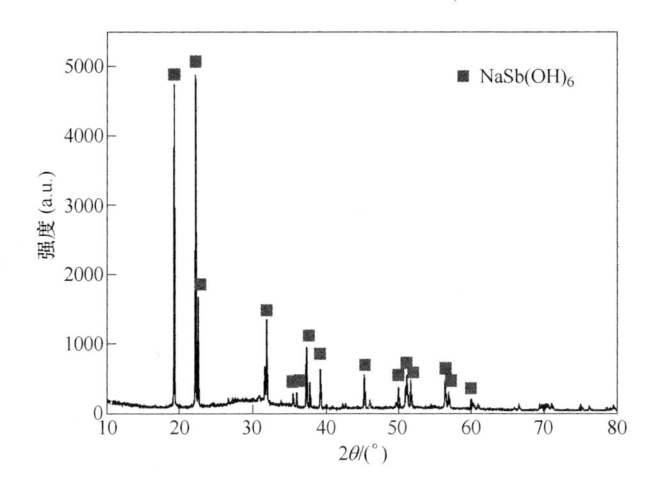

图 2-1 含碲物料 XRD 图谱

图 2-2 含碲物料 SEM 照片

附、簇拥在一起。

为确定含碲物料中碲、铅、铋、铁和锌等元素的物相成分，对含碲物料进行了 X 射线光电子能谱分析（XPS），并对 Te $3d_{5/2}$峰、Pb $4f_{7/2}$峰、Bi $4f_{7/2}$峰、Fe $2p_{3/2}$峰和 Zn $2p_{3/2}$峰进行了拟合，其 XPS 图谱及拟合结果分别如图 2-3 和图 2-4 所示。

由图 2-3 可知，含碲物料中 Te $3d_{5/2}$拟合为两个峰，一个位于 576.50eV 处，

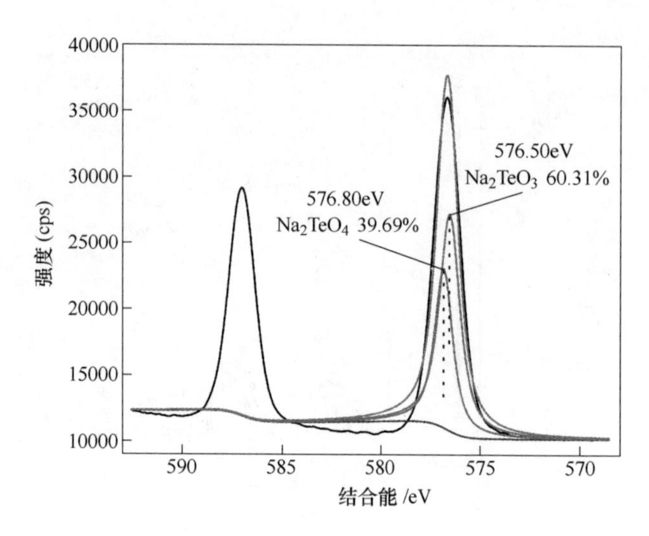

图 2-3 含碲物料中元素 Te $3d_{5/2}$ XPS 图谱及拟合结果

另一个位于 576.80eV 处。576.50eV 处的峰为 Na_2TeO_3 的特征峰[149,150]，576.80eV 处的峰为 Na_2TeO_4 的特征峰[151]。根据两个特征峰面积比较，可以确定 Na_2TeO_3 和 Na_2TeO_4 的含量分别为 60.31%和 39.69%。因此，含碲物料中碲主要以 Na_2TeO_3 和 Na_2TeO_4 的形式存在，且以 Na_2TeO_3 的形式为主。

由图 2-4 可知，Pb $4f_{7/2}$ 和 Bi $4f_{7/2}$ 分别在 139.40eV 和 159.30eV 处有明显的峰，其分别为 PbO 和 Bi_2O_3 的特征峰[152~154]；Fe $2p_{3/2}$ 和 Zn $2p_{3/2}$ 分别在 711.60eV 和 1022.30eV 处有明显的峰，其分别是 Fe_2O_3 和 ZnO 的特征峰[155,156]。因此，含碲物料中铅、铋、铁、锌主要以 PbO、Bi_2O_3、Fe_2O_3、ZnO 的形式存在。

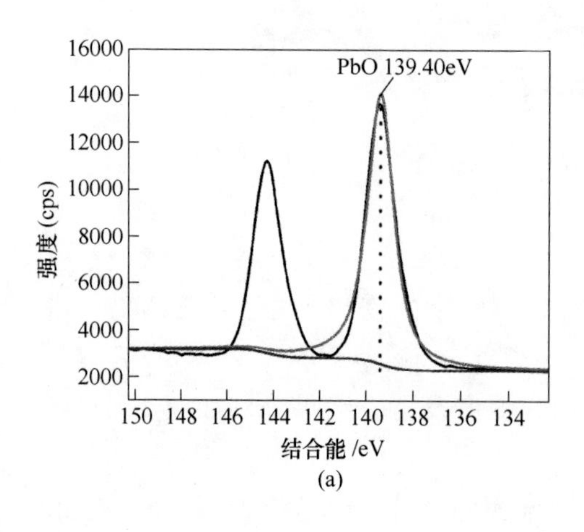

(a)

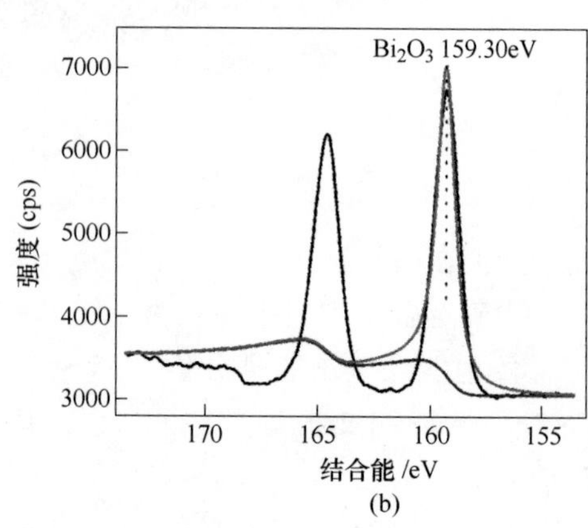

(b)

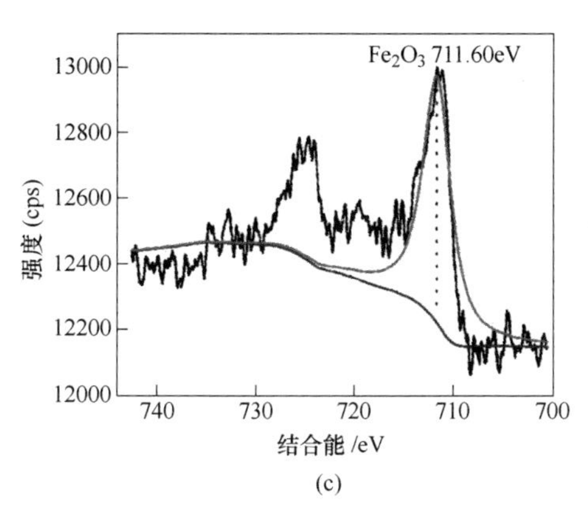

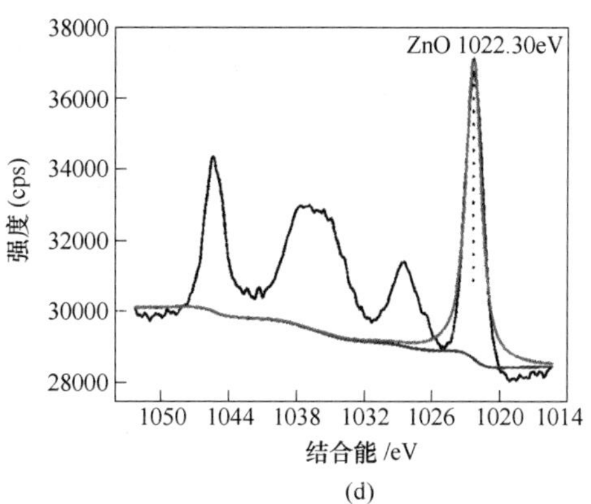

图 2-4 含碲物料元素 Pb、Bi、Fe、Zn XPS 图谱及拟合结果

（a）Pb $4f_{7/2}$；（b）Bi $4f_{7/2}$；（c）Fe $2p_{3/2}$；（d）Zn $2p_{3/2}$

为明晰含碲物料中有价金属的分布规律，对其进行了电子探针分析（EMPA），其结果如图 2-5 所示。

由图 2-5 可知，含碲物料中矿物颗粒呈现出大小不一、颜色各异的特征，颗粒尺寸分布区间为几微米到几十微米，颗粒形状为不规则的块状。分别选取特征区域（1、2、3、4、5、6 和 7）进行能谱分析，其中浅灰色 1 和 2 区域的主要成

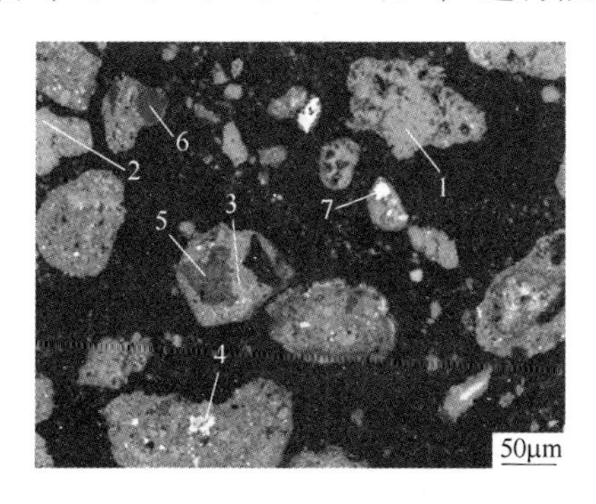

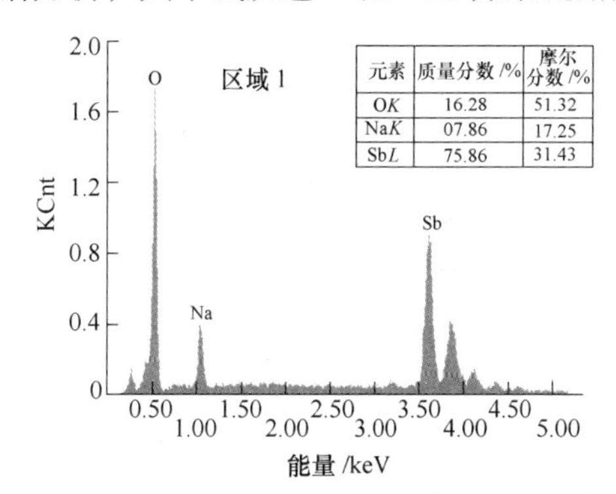

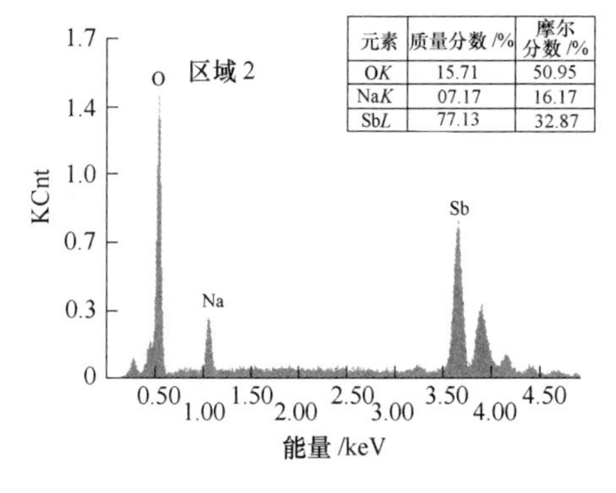

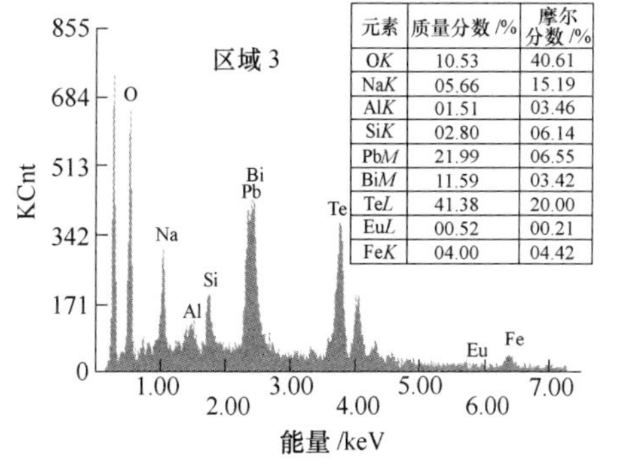

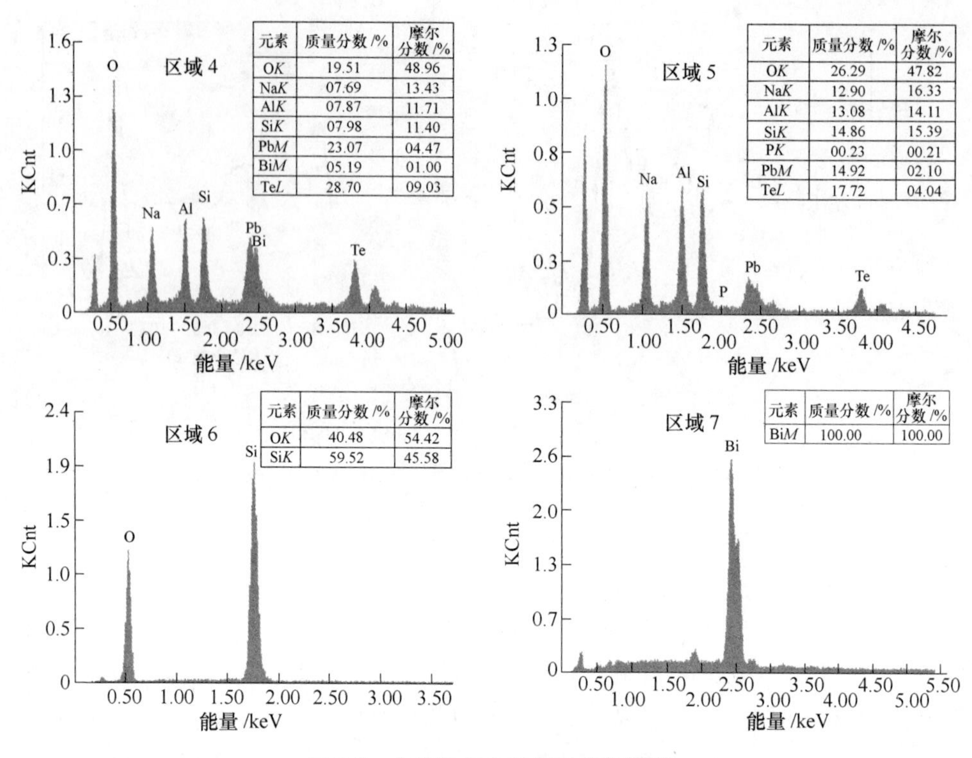

图 2-5 含碲物料电子探针分析结果

分为 $NaSb(OH)_6$；3、4 和 5 区域的主要成分为 Na_2TeO_3、Na_2TeO_4、PbO、Bi_2O_3、Fe_2O_3、ZnO 和 SiO_2，由此可得，含碲物料中碲、铅、铋、铁、锌和硅等元素相互混杂在一起。深灰色 6 区域主要成分为 SiO_2；白色区域 7 为单质铋。

2.2 实验试剂和仪器

2.2.1 实验试剂

实验所需主要化学试剂见表 2-2。

表 2-2 化学试剂

名称	化学式	纯度	生 产 商
硫酸	H_2SO_4	分析纯	衡阳市凯信化工试剂有限公司
盐酸	HCl	分析纯	国药集团化学试剂有限公司
硝酸	HNO_3	分析纯	株洲石英化玻有限公司
亚硫酸钠	Na_2SO_3	分析纯	西陇化工股份有限公司
氢氧化钠	NaOH	分析纯	西陇化工股份有限公司

续表 2-2

名称	化学式	纯度	生 产 商
九水硫化钠	$Na_2S \cdot 9H_2O$	分析纯	西陇化工股份有限公司
过氧化氢	H_2O_2	分析纯	西陇化工股份有限公司
二水碲酸钠	$Na_2TeO_4 \cdot 2H_2O$	分析纯	国药集团化学试剂有限公司

2.2.2 实验仪器

实验所需主要设备和仪器见表 2-3。

表 2-3 设备和仪器

名 称	型 号	生 产 商
智能恒温电热套	ZNHW-500mL	上海科升仪器有限公司
真空干燥箱	DZF-6020	上海迅博实业有限公司
电热鼓风干燥箱	101 型	北京永光明医疗有限公司
电热恒温水浴锅	DK-7000-ⅢL	天津泰斯特仪器有限公司
集热式恒温磁力搅拌器	DF-101S	江苏省金坛市医疗仪器厂
数显恒速电动搅拌器	JJ-60	杭州仪表有限公司
移液枪	Eppendorf Research plus	Eppendorf
万用电炉	DL-1	北京永光明医疗仪器厂
恒流泵	HL-2B	上海沪西分析仪器厂有限公司
数显酸度计	PHS-25C	上海雷磁厂
电子分析天平	FA2004	上海上平仪器公司
电子天平	AR224CN	奥豪斯仪器（上海）有限公司
台式离心机	TDL-4	上海安亭科学仪器厂
万用粉碎机	FSJ-100	巩义市予华仪器有限公司
电化学工作站	CHI-450	上海辰华科学仪器股份有限公司
循环水式多用真空泵	SHB-B95	郑州长城科工贸有限公司

实验用水均采用去离子水。

玻璃器皿：电解池、烧杯、四口圆底烧瓶、容量瓶、锥形瓶、量筒、滴定管、移液管、温度计等。

2.3 实验方法与流程

2.3.1 一段硫化钠浸出实验

含碲物料一段硫化钠浸出实验装置示意图如图 2-6 所示。

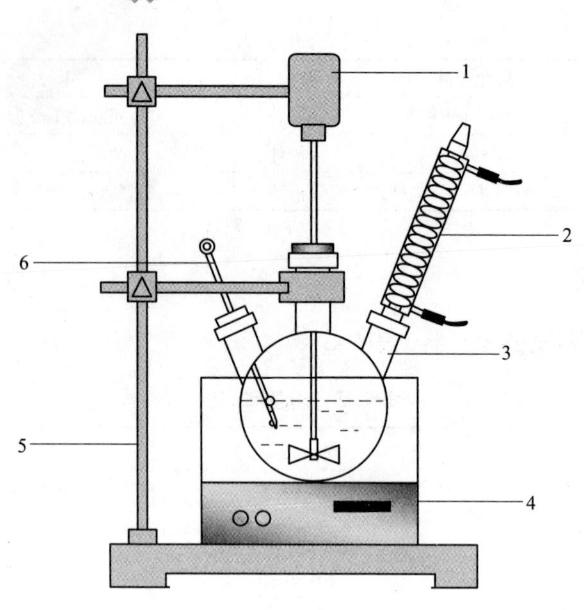

图 2-6 浸出实验装置示意图

1—直流电动搅拌器；2—冷凝回流管；3—四口圆底烧瓶；
4—恒温水浴锅；5—铁架台；6—温度计

实验过程为：首先称取一定质量的 $Na_2S \cdot 9H_2O$，将其置于烧杯溶解，并将其定容为 200mL，溶液现配现用。然后将 200mL 溶液转移置 500mL 的四口烧瓶，且把四口烧瓶中置于恒温水浴锅加热，当温度计显示溶液中的温度达到目标温度时，向其中加入一定质量的含碲物料，搅拌浸出，并开始计时。整个反应过程利用冷凝管回流，防止高温下溶液挥发损失，并控制搅拌速率为 300r/min，当反应一定时间后，趁热过滤，将滤液收集并量取体积，浸出渣则置于鼓风干燥箱中烘干，称取质量。

采用移液枪分别移取 1mL 和 2mL 浸出滤液，置于 50mL 和 100mL 容量瓶中，然后缓慢加入 5mL H_2O_2(30%) 氧化 10min，再加入 10mL 盐酸（1∶1）酸化，然后再将容量瓶置于微沸水中加热，到容量瓶中液体不再冒气泡时，将其取出冷却，加蒸馏水定容、摇匀，采用 ICP-OES 检测其中 Te、Sb 离子浓度。

2.3.2 二段硫化钠浸出实验

二段硫化钠浸出实验的装置与一段硫化钠浸出一致，如图 2-6 所示。

实验过程为：首先称取一定质量的 $Na_2S \cdot 9H_2O$ 和 NaOH，将其置于烧杯溶解，并将其定容为 200mL，溶液现配现用。然后将 200mL 溶液转移置 500mL 的四口烧瓶，且把四口烧瓶中置于恒温水浴锅加热，当温度计显示溶液中的温度达到目标温度时，向其中加入一定质量的一段硫化钠浸出渣，搅拌浸出，并开始计

时。整个反应过程利用冷凝管回流，防止高温下溶液挥发损失，并控制搅拌速率为300r/min，当反应一定时间后，趁热过滤，将滤液收集并量取体积，浸出渣则置于鼓风干燥箱中烘干，称取质量。

采用移液枪分别移取0.1mL和1mL浸出滤液，置于50mL和100mL容量瓶中，然后缓慢加入5mL H_2O_2 氧化10min，再加入10mL盐酸（1∶1）酸化，然后再将容量瓶置于微沸水中加热，到容量瓶中液体不再冒气泡时，将其取出冷却，加蒸馏水定容、摇匀，采用ICP-OES检测其中Te、Sb离子浓度。

2.3.3 亚硫酸钠还原沉淀一段硫化钠浸出液中碲的实验

亚硫酸钠还原沉淀一段硫化钠浸出液中碲的实验装置示意图与一段硫化钠浸出装置一致，如图2-6所示。

实验过程为：首先用量筒量取200mL一段硫化钠浸出液，并将转其移置500mL四口烧瓶中，然后将四口烧瓶中放入水浴锅加热，当温度计显示溶液中的温度达到目标温度时，向其中加入一定质量的 Na_2SO_3，开启搅拌，并开始计时。整个反应过程利用冷凝管回流，防止高温下溶液挥发损失，并控制搅拌速率为300r/min，当反应一定时间后，趁热过滤，将滤液收集并量取体积，沉淀产物则置于鼓风干燥箱中烘干，待干燥完称取沉淀产物质量。

采用移液枪移取5mL滤液于50mL容量瓶中，然后缓慢加入5mL H_2O_2 氧化10min，再加入5mL盐酸（1∶1）酸化，然后再将容量瓶置于微沸水中加热，到容量瓶中液体不再冒气泡将其取出冷却，加蒸馏水定容、摇匀，采用ICP-OES检测其中Sb、Te等金属浓度。

2.3.4 亚硫酸钠还原沉淀碲的机理研究实验

采用1cm×1cm的铂片作为工作电极，1.5cm×1.5cm的铂片作为对电极，汞-氧化汞电极作为参比电极，参比电极使用鲁金毛细管，且使其尽可能接近工作电极以降低溶液电阻，电化学工作站为Autolab PGSTAT302N。测试开始前，工作电极表面依次使用1~6号金相砂纸打磨光滑，依次使用水、丙酮、乙醇、水超声处理，擦洗，置于干燥器中备用。

称取一定质量的 $Na_2TeO_4 \cdot 2H_2O$ 和 $Na_2S \cdot 9H_2O$，将其置于已配置好的一定浓度NaOH溶液中，搅拌使其溶解完全。量取150mL配置好的溶液置于电解池中。然后将1cm×1cm的铂片电极在溶液中浸泡5min，使至铂片电极表面达到稳定状态，然后开始电化学测试，整个测试过程恒温水浴锅使溶液温度维持为25℃±1℃，实验的示意图如图2-7所示。

2.3.5 双氧水氧化沉淀二段硫化钠浸出液中锑的实验

二段硫化钠浸出液中锑的分离回收实验装置与一段硫化钠浸出装置一致，其

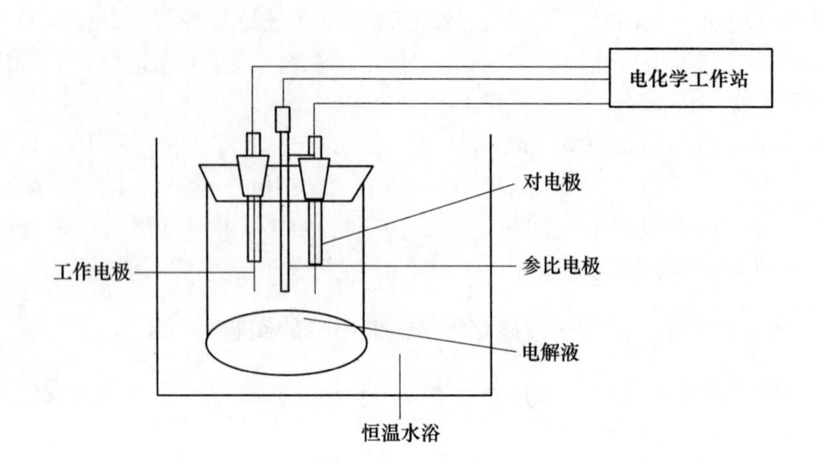

图 2-7　亚硫酸钠还原沉淀碲的机理研究实验装置

示意图如图 2-6 所示。

实验过程为：首先用量筒量取 200mL 二段硫化钠浸出液，并置于 500mL 四口烧瓶中，接着把四口烧瓶中置于恒温水浴锅加热，当温度计显示溶液中的温度达到目标温度时，利用恒流泵缓慢滴入一定体积的 H_2O_2（30%），滴加速度控制为 0.9mL/min，开启搅拌，并开始计时。整个反应过程利用冷凝管回流，防止高温下溶液挥发损失，并控制搅拌速率为 300r/min，当反应一定时间后，趁热过滤，将滤液收集并量取体积，沉淀产物则置于鼓风干燥箱中烘干，待干燥完称取沉淀产物质量。

采用移液枪移取 5mL 滤液于 50mL 容量瓶中，并向其中缓慢加入 5mL H_2O_2 氧化 10min，再加入 5mL 盐酸（1：1）酸化，然后再将容量瓶置于微沸水中加热，到容量瓶中液体不再冒气泡将其取出冷却，加蒸馏水定容、摇匀，采用 ICP-OES 检测其中 Sb、Te 等金属浓度。

2.3.6　硫化钠-亚硫酸钠还原沉淀沉锑后液中碲的实验

硫化钠-亚硫酸钠还原沉淀沉锑后液中碲的实验装置与一段硫化钠浸出装置一致，其示意图如图 2-6 所示。

实验过程为：首先用量筒量取 200mL 沉锑后液，并将其转移置 500mL 四口烧瓶中，然后将四口烧瓶中放入水浴锅加热，当温度计显示溶液中的温度达到目标温度时，向其中加入一定质量的 $Na_2S \cdot 9H_2O$ 和 Na_2SO_3，开启搅拌，并开始计时。整个反应过程利用冷凝管回流，防止高温下溶液挥发损失，并控制搅拌速率为 300r/min，当反应一定时间后，趁热过滤，将滤液收集并量取体积，沉淀产物则置于鼓风干燥箱中烘干，待干燥完称取沉淀产物质量。

采用移液枪移取5mL滤液于50mL容量瓶中，并向其中缓慢加入5mL H_2O_2氧化10min，再加入5mL盐酸（1∶1）酸化，然后再将容量瓶置于微沸水中加热，到容量瓶中液体不再冒气泡将其取出冷却，加蒸馏水定容、摇匀，采用ICP-OES检测其中Te等金属浓度。

2.3.7 碲酸钠在氢氧化钠溶液中溶解度测定实验

采用等温溶解平衡法测定 Na_2TeO_4 在NaOH溶液中的饱和浓度，实验装置示意图如图2-8所示。

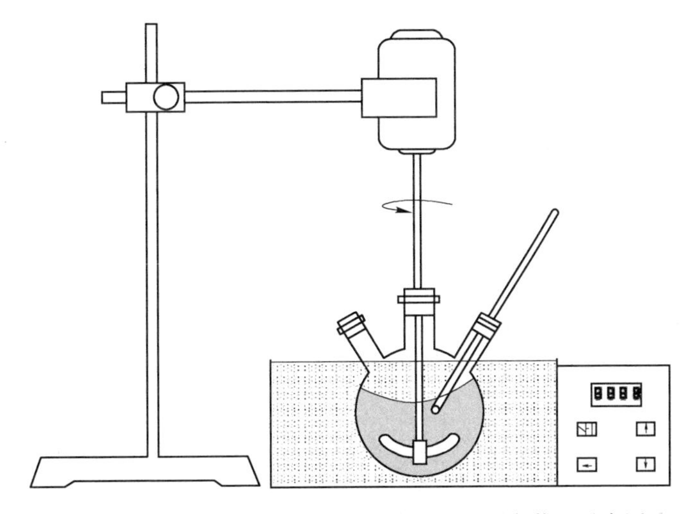

图2-8 Na_2TeO_4 在NaOH溶液中溶解度的测定装置示意图

首先配置一定浓度的NaOH溶液，并量取100mL溶液置于三口烧瓶中。将三口烧瓶放入恒温水浴中进行加热，开启搅拌，当温度计显示溶液温度升至目标温度时，向其中加入一定质量的 $Na_2TeO_4 \cdot 2H_2O$，$Na_2TeO_4 \cdot 2H_2O$ 采用少量多次的方式加入，直到观测到溶液中有明显的固体时，停止加入 $Na_2TeO_4 \cdot 2H_2O$。然后开始计时，当时间到6h时，停止搅拌，并将其在放置在水浴锅中恒温静置96h。实验过程中使溶液温度波动在±0.1℃范围内。

最后采用移液枪移取5mL上清液于50mL容量瓶中，并向其中加入5mL盐酸（1∶1）溶液酸化，最好用去离子水定容、摇匀，采用ICP-OES检测其中Te等金属浓度。

2.4 分析表征方法

2.4.1 溶液成分分析

溶液中的碲、锑、铅、铋、铁和锌等元素的含量，采用美国热电公司的IRIS

Intrepid Ⅰ型等离子体发射光谱仪（ICP-OES）进行测定。

2.4.2 浸出率的计算

含碲物料两段硫化钠浸出实验中各元素浸出率的计算公式如式（2-1）所示。

$$\eta_i = \frac{V \times c_i}{m_i \times \omega_i} \times 100\% \tag{2-1}$$

式中，η_i 为元素 i 的浸出率,%；c_i 为浸出液中该元素的浓度，g/L；V 为滤液的体积，L；m_i 为浸出原料的质量，g；ω_i 为浸出原料中元素 i 的质量分数,%。

2.4.3 沉淀率的计算

在浸出液中金属分离回收的实验中，各元素的沉淀率采用式（2-2）进行计算。

$$\eta_i = \left(1 - \frac{V \times c}{V_0 \times c_0}\right) \times 100\% \tag{2-2}$$

式中，η_i 为元素 i 的沉淀率,%；V 为沉淀反应后滤液体积，L；c 为沉淀反应后滤液元素 i 的浓度，g/L；V_0 为沉淀反应前溶液的体积，L；c_0为沉淀反应前溶液中元素 i 的浓度，g/L。

2.4.4 表征与分析方法

本书的主要反应过程为气液固三相反应，涉及的检测对象主要是固相和液相，所需数据包括成分、物相、浓度、粒度等方面，因此涉及的检测方法除了化学法—滴定法之外，还包括相关仪器进行检测和表征，本书中所需表征方法见表 2-4。

表 2-4 分析检测设备

分析方法	设备名称	型号规格	生产厂家
XRD	X 射线衍射仪	TTR Ⅲ	日本株式会社理学电子
ICP-OES	电感耦合等离子体原子发射光谱仪	PS-6	美国 Baird 公司
SEM	高低真空扫描电镜	JSM-6360LV	日本电子
EDS	X 射线能谱	EDX-GENESIS	美国 EDAX 公司
XPS	X 射线光电子能谱仪	ESCALAB 250Xi	美国赛默飞
XRF	X 射线荧光光谱分析仪	Rigaku-TTRⅢ	日本理学公司

（1）X 射线衍射分析。X 射线衍射（X ray diffraction，XRD）是一种对样品中矿物结构进行定性和半定量分析的技术，通过 X 射线衍射分析仪实现。X 射线衍射分析仪被广泛应用于物相分析以及晶格常数、晶格畸变、晶体组织以及宏观

内应力的测定。X 射线物相分析的原理是基于物质都有特定的晶体结构，在一定波长的 X 射线下会产生特定的衍射图像，将所得样品的衍射数据与已知晶体物质的标准数据库进行对比，即可鉴定出样品中存在的物相。之后使用 MDI Jade5.0 分析扫描的结果，从而得到固体粉末中存在的物相组成。

（2）扫描电子显微镜。扫描电子显微镜（SEM）是介于光学显微镜和电子透射电镜之间的一种物相微观形貌观测仪器，能有效地观察试样的微观形貌。样品在电子枪发出的电子束下被照射，经物镜聚焦放大形成一幅反映样品微观形貌的画面，通过转动观察角度选取合适区域，调整放大倍数直至可见清晰的粒子形貌。此外，对试样中需要关注的部位进行能谱分析（EDS），以确定其主要元素成分。

（3）电感耦合等离子体原子发射光谱法。固相物质中元素含量的分析采用电感耦合等离子体原子发射光谱法（ICP-AES）分析，首先利用王水溶解一定质量的固相物质，然后检测并计算其中相关元素的含量。

（4）X 射线光电子能谱分析。X 射线光电子能谱分析（X-ray photoelectron spectroscopy，XPS）是用 X 射线去辐射样品，使原子或分子的内层电子或价电子受激发射出来。被光子激发出来的电子称为光电子，可以测量光电子的能量，以光电子的动能为横坐标，相对强度（脉冲/s）为纵坐标可做出光电子能谱图，从而获得待测物组成。

（5）X 射线衍射荧光分析。X 射线衍射荧光分析（X-ray fluorescence，XRF）是利用初级 X 射线光子或其他微观离子激发待测物质中的原子，使之产生荧光（次级 X 射线）而进行物质成分分析和化学态研究的方法。

3 含碲物料梯级分离提取热力学分析

本章依据含碲物料梯级分离提取的原则工艺流程，对硫化钠浸出过程元素行为进行热力学分析，明确碲、锑、铅、铋、铁和锌等元素在硫化钠浸出过程的分配规律和机制；对浸出液中有价金属的赋存状态进行分析，提出有价金属梯级分离提取工艺路线，并分析有价金属分离回收机理，为后续实验研究提供理论依据。

3.1 硫化钠浸出过程元素行为分析

3.1.1 元素行为研究依据

3.1.1.1 浸出反应的吉布斯自由能变化

浸出反应吉布斯自由能变化 $\Delta_r G_m$ 是浸出反应重要的热力学参数，可以判断浸出反应的进行方向。$\Delta_r G_m$ 为反应物产物和反应物的化学势差值。$\Delta_r G_m^{\ominus}$ 则为在标准状态下，反应物产物和反应物的化学势差值。

$\Delta_r G_m$ 可以判断浸出反应自发进行的趋势大小，而 $\Delta_r G_m^{\ominus}$ 一般只能推断反应进行的限度。由以下等式表示：

$$\Delta_r G_m(T) = \Delta_r G_m^{\ominus}(T) + RT\ln Q \tag{3-1}$$

式中，Q 为反应熵变。

由式（3-1）可知：$\Delta_r G_m$ 的值计算较为困难，其影响因素较多。当 $\Delta_r G_m^{\ominus}$ 的绝对值足够大时，则 $\Delta_r G_m$ 的正负与 $\Delta_r G_m^{\ominus}$ 的正负一致，此时可以通过 $\Delta_r G_m^{\ominus}$ 来判断浸出反应自发进行的热力学趋势。

假设浸出反应为 A 物质与 B 物质反应生成 C 物质和 D 物质，即：

$$a\text{A(s)} + b\text{B(aq)} = c\text{C(aq)} + d\text{D(aq)} \tag{3-2}$$

当已知反应物 A 和 B 及生成物 C 和 D 的标准摩尔吉布斯自由能，则可通过式（3-3）计算出 $\Delta_r G_m^{\ominus}$。

$$\Delta_r G_m^{\ominus} = c\Delta G_{m(C)}^{\ominus} + d\Delta G_{m(D)}^{\ominus} - a\Delta G_{m(A)}^{\ominus} - b\Delta G_{m(B)}^{\ominus} \tag{3-3}$$

式中，$\Delta G_{m(A)}^{\ominus}(T)$ 和 $\Delta G_{m(B)}^{\ominus}(T)$ 分别为反应物 A 和 B 在温度 T(K)下的标准摩尔吉布斯自由能，kJ/mol；$\Delta G_{m(C)}^{\ominus}(T)$ 和 $\Delta G_{m(D)}^{\ominus}(T)$ 分别为生成物 C 和 D 在温度 T(K)下的标准摩尔吉布斯自由能，kJ/mol。

一般来说，当反应的 $\Delta_r G_m^{\ominus}>41.84\text{kJ/mol}$ 时，则认为该浸出反应几乎不可能进行；当 $0<\Delta_r G_m^{\ominus}<41.84\text{kJ/mol}$ 时，则认为可通过强化措施使该浸出反应进行；当 $\Delta_r G_m^{\ominus}<0$ 时，浸出反应有可能进行，且其绝对值越大，反应进行的热力学趋势越大。

3.1.1.2 浸出反应的平衡常数

浸出反应的平衡常数，是浸出反应达到平衡后，反应生成物与反应物的活度的比值，反应的平衡常数见式（3-4）。

$$K = a_C^c a_D^d / a_B^b \tag{3-4}$$

式中，a_B、a_C、a_D分别为浸出反应达到平衡后的物质 B、C、D 的活度。

由热力学原理可知，平衡常数 K 由温度决定，与浸出体系中各物质的浓度没有关系。由式（3-5）可知：

$$\Delta_r G_m(T) = \Delta_r G_m^{\ominus}(T) + RT\ln K \tag{3-5}$$

当浸出反应达到平衡时 $\Delta_r G_m(T)$ 的值为零，因此，可以通过 $\Delta_r G_m^{\ominus}(T)$ 来计算浸出反应的平衡常数 K。其计算公式见式（3-6）。

$$\Delta_r G_m^{\ominus}(T) = - RT\ln K \tag{3-6}$$

K 值的大小反映浸出反应进行的可能性及限度，K 值越大，则浸出反应进行的可能性越大，浸出反应进行得越彻底。

在具体的浸出过程中，浸出各组分的活度和活度系数很难获得，通常可以获得的是各物质的浓度。因此，通常近似地使用各物质的浓度来表示平衡状态，即表观平衡常数 K_C。

$$K_C = \frac{c_C^c c_D^d}{c_B^b} \tag{3-7}$$

式中，c_B、c_C、c_D 分别为浸出反应达到平衡后的物质 B、C、D 的浓度。

3.1.1.3 电位-pH 值图的应用及绘制

在复杂的溶液体系中，金属元素因体系条件的不同而可能形成阳离子、氧化物、含氧阴离子或者配合阴离子等，也可能因发生氧化还原反应而以低价或者高价化合物存在。水溶液体系的平衡与温度、金属离子浓度、pH 值、氧化还原电势等各种参数关系密切，其中氧化还原电势和溶液 pH 值影响较为显著，因此通常以电势和 pH 值为参数绘制系统的平衡图，即 E-pH 图，用以研究体系平衡条件及相应的反应过程。

E-pH 图的绘制过程可归纳为：（1）查明给定条件（一般为温度）下溶液体系中可能存在的离子、化合物及相应的标准摩尔生成吉布斯自由能；（2）列出体系中存在的有效平衡反应，并计算反应的标准吉布斯自由能变化；（3）计算

各反应平衡时电位 E 与 pH 值的关系并绘图。

金属-水系中的反应可概括为：

$$aA + nH^{+} + ze \longrightarrow bB + cH_2O \tag{3-8}$$

式中，A 或 B 为金属的某种离子形态。

根据反应过程中有无电子或氢离子参与，水溶液体系中发生的化学反应可以分为以下三种类型[157]。

（1）有 H^+参与反应但没有电子迁移，即反应过程中不发生氧化还原过程，各物质没有价态变化。反应方程式可简化为：

$$aA + nH^{+} \longrightarrow bB + cH_2O \tag{3-9}$$

当反应达到平衡时，根据反应自由能变化可得：

$$\mathrm{pH} = \frac{-\Delta_r G_m^{\ominus}}{2.303nRT} - \frac{1}{n}\lg\frac{a_B^b}{a_A^a} \tag{3-10}$$

（2）有电子迁移但是没有 H^+参与反应，反应方程式可简化为：

$$aA + ze \longrightarrow bB \tag{3-11}$$

当反应达到平衡时，由能斯特方程可得：

$$E = \frac{-\Delta_r G_m^{\ominus}}{zF} - \frac{0.0591}{z}\lg\frac{a_B^b}{a_A^a} \tag{3-12}$$

（3）反应过程既有电子迁移又有 H^+参与，即式（3-8）。

当反应达到平衡时，由能斯特方程可得：

$$E = \frac{-\Delta_r G_m^{\ominus}}{zF} - \frac{0.0591}{z}\lg\frac{a_B^b}{a_A^a} - 0.0591\frac{n}{z}\mathrm{pH} \tag{3-13}$$

除目标金属随体系条件的不同可能发生以上变化外，水作为溶液体系的基本溶剂，随电位的变化也可能发生氧化还原反应，从而导致体系呈现非稳定状态，反应如下：

（1）氢线 a 的反应方程式为：

$$2H^{+} + 2e \longrightarrow H_2 \tag{3-14}$$

当反应达到平衡时，由能斯特方程可得：

$$E = -0.0591\mathrm{pH} \tag{3-15}$$

（2）氧线 b 的反应方程式为：

$$O_2 + 4H^{+} - 4e \longrightarrow 2H_2O \tag{3-16}$$

当反应达到平衡时，由能斯特方程可得：

$$E = 1.23 - 0.0591\mathrm{pH} \tag{3-17}$$

若水溶液中电位低于氢线，则水将被还原析出氢气；若电位高于氧线则水被氧化析出氧气，所以反应在水溶液中进行时，氧化还原电位必须保持在氢线和氧线之间。

3.1.1.4 配合物-水系电势-pH 图

在由配合物存在的体系中，因为溶液既有简单离子，又有配合离子，因此针对配合物体系的电势-pH 图的绘制一般都是采用同时平衡原理进行计算绘制。

设金属(M)-配合剂(L)-H_2O 系溶液中 M 的总浓度为 $c_{M(T)}$，L 的总浓度为 $c_{L(T)}$。当体系最多存在两种价态的中心离子 M 和 M′，它们与 L 之间的平衡为：

$$M + nL \longrightarrow ML_n \qquad \beta_n = \frac{c_{ML_n}}{c_M c_L^n} \quad (n = 1, 2, \cdots, q)$$

$$M' + mL \longrightarrow M'L_m \qquad \beta'_m = \frac{c_{M'Lm}}{c_{M'} c_L^m} \quad (m = 1, 2, \cdots, q)$$

式中，β_n、β'_m为配合离子的累积常数。

选取 M 为参考离子，考虑除了各种配合离子 ML_n，$M'L_m$外的每种含 M 的离子或分子及一种固相化合物，分别为 $M_i(i=1, 2, \cdots, r)$，它们与 M 之间的平衡关系为：

$$\alpha_i M_i + h_i H^+ + n_i e \longrightarrow b_i M + \omega_i H_2O \tag{3-18}$$

由质量平衡原理及考虑上式中 $n_i=0$ 和 $n_i \neq 0$ 的情况，可以得到：

$$c_{M(T)} = c_M\left(\sum_{n=1}^{q} \beta_n c_L^n + 1\right) + c_{M'}\left(\sum_{m=1}^{p} \beta_m c_L^m + 1\right) + \sum_{i=1}^{r-1} c_{M_i} \tag{3-19}$$

$$c_{L(T)} = c_L + Kc_H + c_L + \sum_{n=1}^{q} n\beta_n c_M c_L^n + \sum_{m}^{p} m\beta_m c_{M'} c_L^m \tag{3-20}$$

$$E = E_{M_i/M} + \frac{2.303RT\alpha_i}{n_i F}\lg c_{M_i} - \frac{2.303RTh_i}{n_i F}\lg c_M - \frac{2.303RTh_i}{n_i F}\text{pH} \quad (n_i \neq 0) \tag{3-21}$$

$$\lg K_i = b_i \lg c_M - \alpha_i \lg c_{M_i} + h_i \text{pH} \quad (n_i = 0) \tag{3-22}$$

对于固相化合物，$c_{M_i}=1$，$\lg c_{M_i}=0$，这样，该固相与溶液之间的平衡可由式(3-25)~式(3-29)来确定，在这些方程中，共有 5+r 个变量：$c_{M_i}(i=(1, 2, \cdots, r-1)$、$c_L$、$c_M$、$c_{M(T)}$、pH、$E$；2+r）个独立方程。则独立变数为：(5+r)-(2+r) = 3，当固定 $c_{L(T)}$时，即可求得当 pH 值或者 E 给定时各个变量的值，从而求得固液平衡线上的 E、pH 值。

3.1.2 硫的行为

在硫化物的浸出反应过程中，溶液中存在着含硫化合物之间的平衡。稳定的含硫化合物有 H_2S、HS^-、S^{2-}、SO_4^{2-}、HSO_4^- 以及 S。在一定的条件下，也可能存在 $S_2O_6^{2-}$、$S_2O_3^{2-}$ 等其他离子，但是它们都是低价硫化物氧化过程中或高价硫化物还原过程中不稳定的中间产物。从热力学平衡来看，这些离子不是最终的平衡产物。通过查阅相关热力学数据[158,159]，绘制了 298K 下 S-H_2O 系 E-pH 图，S-H_2O 系中存在的平衡反应以及平衡关系见表 3-1，其 E-pH 图如图 3-1 所示。

表 3-1　S-H_2O 体系的平衡反应及平衡关系式

序号	平衡反应	平衡关系式
a	$2H^+ + 2e = H_2$	$E = -0.0591pH$
b	$O_2 + 4H^+ + 4e = 2H_2O$	$E = 1.229 - 0.0591pH$
1	$H^+ + SO_4^{2-} = HSO_4^-$	$pH = 2.063 - \lg(c_{HSO_4}/c_{SO_4^{2-}})$
2	$H^+ + HS^- = H_2S$	$pH = 6.947 - \lg(c_{H_2S}/c_{HS^-})$
3	$S^{2-} + H^+ = HS^-$	$pH = 12.991 - \lg(c_{HS^-}/c_{S^{2-}})$
4	$S + H^+ + 2e = HS^-$	$E = -0.063 - 0.0295pH - 0.0295\lg c_{HS^-}$
5	$SO_4^{2-} + 8e + 9H^+ = HS^- + 4H_2O$	$E = 0.249 - 0.0665pH - 0.0074\lg(c_{HS^-}/c_{SO_4^{2-}})$
6	$SO_4^{2-} + 8e + 8H^+ = S^{2-} + 4H_2O$	$E = 0.153 - 0.0591pH - 0.0074\lg(c_{S^{2-}}/c_{SO_4^{2-}})$
7	$SO_4^{2-} + 6e + 8H^+ = S + 4H_2O$	$E = 0.353 - 0.0788pH + 0.0098\lg c_{SO_4^{2-}}$
8	$HSO_4^- + 6e + 7H^+ = S + 4H_2O$	$E = 0.333 - 0.069pH + 0.0098\lg c_{HSO_4^-}$
9	$S + 2H^+ + 2e = H_2S$	$E = 0.142 - 0.0591pH - 0.0296\lg c_{H_2S}$

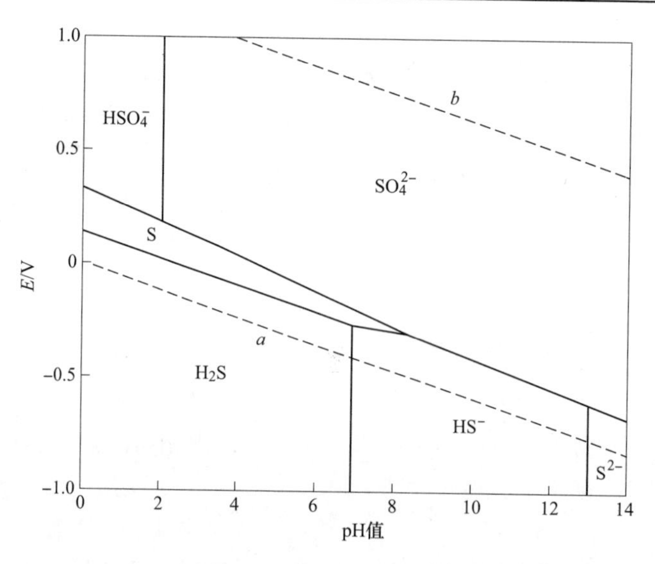

图 3-1　S-H_2O 系 E-pH 图

（298K，$c_{S(T)} = 1$）

由图 3-1 可知，当硫化物氧化达到平衡条件时，仅仅可以形成 SO_4^{2-}、HSO_4^- 以及元素硫，而元素硫浸在 pH<8 的酸性介质中才能形成。当电势下降时，pH 值在 1.9~8 范围内，SO_4^{2-} 还原成元素硫；当电势再低和 pH<7 时，将进一步还原成 H_2S；当 pH>7 时，则进一步还原成 HS^-。在 pH>8 的情况下，HS^- 可直接氧化成 SO_4^{2-}。HS^- 和 SO_4^{2-} 浓度的变化对于元素硫的稳定区 pH 值上限影响不大。

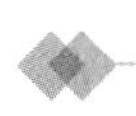

3.1.3 碲的行为

含碲物料中碲主要以 Na_2TeO_3、Na_2TeO_4 的形式存在。为详细地探讨碲在两段硫化钠浸出过程的元素分配行为，通过查找碲相关文献资料[160~163]，计算并绘制了 298K Te-H_2O 系的 E-pH 图，其热力学数据、平衡反应及平衡反应关系式分别见表 3-2、表 3-3，其 E-pH 图如图 3-2 所示。

表 3-2 Te-H_2O 体系各物质主要热力学数据

物质	$\Delta_f G^{\ominus}_{298}$/kJ·mol^{-1}	物质	$\Delta_f G^{\ominus}_{298}$/kJ·mol^{-1}
Te	0	TeO_3	-314.116
Te^{4+}	219.472	$HTeO_3^-$	-437.185
Te^{2-}	220.813	TeO_3^{2-}	-392.980
Te_2^{2-}	162.363	H_2TeO_4	-551.647
H_2Te	142.879	$HTeO_4^-$	-516.493
$HTeO_2^+$	-261.917	TeO_4^{2-}	-457.079
TeO_2	-273.691	H_2O	-237.531

表 3-3 Te-H_2O 体系的平衡反应及平衡关系式

序号	平衡反应	平衡关系式
1	$Te+2H^++2e=H_2Te$	$E=-0.740-0.0591pH-0.0295\lg c_{H_2Te}$
2	$HTe^-+H^+=H_2Te$	$pH=2.645-\lg(c_{H_2Te}/c_{HTe^-})$
3	$Te_2^{2-}+4H^++2e=2H_2Te$	$E=-0.639-0.118pH-0.0295\lg(c^2_{H_2Te}/c_{Te_2^{2-}})$
4	$Te_2^{2-}+2H^++2e=2HTe^-$	$E=-0.796-0.0591pH-0.0295\lg(c^2_{HTe^-}/c_{Te_2^{2-}})$
5	$Te^{2-}+H^+=HTe^-$	$pH=11.02-\lg(c_{HTe^-}/c_{Te^{2-}})$
6	$Te_2^{2-}+2e=2Te^{2-}$	$E=-1.447-0.0295\lg(c^2_{Te^{2-}}/c_{Te_2^{2-}})$
7	$2Te+2e=Te_2^{2-}$	$E=-0.841-0.0295\lg c_{Te_2^{2-}}$
8	$Te^{4+}+4e=Te$	$E=0.569+0.015\lg c_{Te^{4+}}$
9	$TeO_2+4H^++4e=Te+2H_2O$	$E=0.522-0.0591pH$
10	$HTeO_2^++3H^++4e=Te+2H_2O$	$E=0.552-0.044pH+0.015\lg c_{HTeO_2^+}$
11	$HTeO_3^-+5H^++4e=Te+3H_2O$	$E=0.714-0.073pH+0.015\lg c_{HTeO_3^-}$
12	$TeO_3^{2-}+6H^++4e=Te+3H_2O$	$E=0.828-0.088pH+0.015\lg c_{TeO_3^{2-}}$
13	$H_2TeO_4+6H^++2e=Te^{4+}+4H_2O$	$E=0.927-0.177pH-0.0295\lg(c_{Te^{4+}}/c_{H_2TeO_4})$
14	$HTeO_2^++3H^+=Te^{4+}+2H_2O$	$pH=-0.37-0.33\lg(c_{Te^{4+}}/c_{HTeO_2^+})$
15	$TeO_3+6H^++2e=Te^{4+}+3H_2O$	$E=0.927-0.177pH-0.0295\lg c_{Te^{4+}}$
16	$TeO_3+3H^++2e=HTeO_2^++H_2O$	$E=0.960-0.088pH-0.0295\lg c_{HTeO_2^+}$
17	$TeO_2+H^+=HTeO_2^+$	$pH=-2.06-\lg c_{HTeO_2^+}$
18	$HTeO_4^-+4H^++2e=HTeO_2^++2H_2O$	$E=1.14-0.118pH-0.0295\lg(c_{HTeO_2^+}/c_{HTeO_4^-})$

续表 3-3

序号	平衡反应	平衡关系式
19	$H_2TeO_4+3H^++2e=HTeO_2^++2H_2O$	$E=0.960-0.088pH-0.0295lg(c_{HTeO_2^+}/c_{H_2TeO_4})$
20	$TeO_3+2H^++2e=TeO_2+H_2O$	$E=1.02-0.059pH$
21	$TeO_3^{2-}+2H^+=TeO_2+H_2O$	$E=10.361+0.5lgc_{TeO_3^{2-}}$
22	$HTeO_3^-+H^+=TeO_2+H_2O$	$pH=12.98+lgc_{HTeO_3^-}$
23	$HTeO_4^-+3H^++2e=TeO_2+2H_2O$	$E=1.20-0.089pH+0.0295lgc_{HTeO_4^-}$
24	$H_2TeO_4+2H^++2e=TeO_2+2H_2O$	$E=1.021-0.059pH+0.0295lgc_{H_2TeO_4}$
25	$HTeO_4^-+H^++2e=TeO_3^{2-}+2H_2O$	$E=0.591-0.0295pH-0.0295lg(c_{TeO_3^{2-}}/c_{HTeO_4^-})$
26	$TeO_4^{2-}+2H^++2e=TeO_3^{2-}+H_2O$	$E=0.899-0.059pH-0.0295lg(c_{TeO_3^{2-}}/c_{TeO_4^{2-}})$
27	$TeO_4^{2-}+H^+=HTeO_4^-$	$pH=10.42-lg(c_{HTeO_4^-}/c_{TeO_4^{2-}})$
28	$HTeO_4^-+H^+=TeO_3+H_2O$	$pH=6.16+lgc_{HTeO_4^-}$
29	$HTeO_4^-+H^+=H_2TeO_4$	$pH=6.16-lg(c_{H_2TeO_4}/c_{HTeO_4^-})$
30	$TeO_3^{2-}+H^+=HTeO_3^-$	$pH=7.75-lg(c_{HTeO_3^-}/c_{TeO_3^{2-}})$
31	$HTeO_4^-+2H^++2e=HTeO_3^-+H_2O$	$E=0.820-0.059pH-0.0295lg(c_{HTeO_3^-}/c_{HTeO_4})$

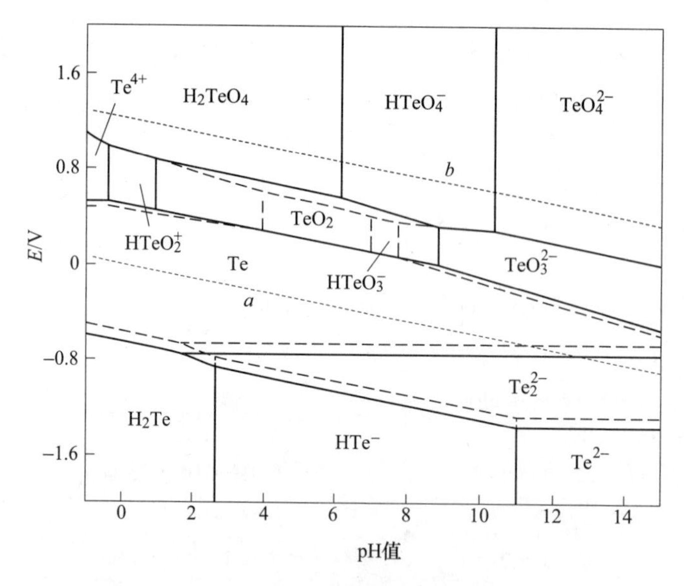

图 3-2 Te-H_2O 系 E-pH 图

（298K，实线：$c_{Te(T)}=10^{-3}$；虚线：$c_{Te(T)}=10^{-6}$）

由图 3-2 可知，在水的稳定区域内 Te_2^{2-}、Te、Te^{4+}、$HTeO_2^+$、H_2TeO_4、TeO_2、$HTeO_3^-$、TeO_3^{2-}、$HTeO_4^-$、TeO_4^{2-} 等均可以稳定存在，当体系的电位较低时，碲主要以四价的 Te^{4+}、$HTeO_2^+$、TeO_2、$HTeO_3^-$、TeO_3^{2-} 存在；随着体系电位升高，碲以

六价的 H_2TeO_4、$HTeO_4^-$、TeO_4^{2-} 存在。随着体系 pH 值的降低，TeO_3^{2-} 和 TeO_4^{2-} 与 H^+ 发生加质子反应依次分别生成 $HTeO_3^-$、TeO_2、$HTeO_2^+$、Te^{4+} 和 $HTeO_4^-$、H_2TeO_4。

Na_2TeO_3 在水溶液和碱性溶液中溶解性良好，但 Na_2TeO_4 在水溶液和碱性溶液中的几乎不溶。碲具有良好的亲硫性，碲化物、Te、TeO_2、Na_2TeO_3 和 Na_2TeO_4 能与 Na_2S 反应生成溶解性良好的 Na_2TeS_3 和 Na_2TeS_4[164,165]，主要的化学反应式如下：

$$Me_2Te + Na_2S + 3S = Na_2TeS_3 + Me_2S \tag{3-23}$$

$$MeTe + Na_2S + 3S = Na_2TeS_3 + MeS \tag{3-24}$$

$$Me_2Te_3 + 3Na_2S + 9S = 3Na_2TeS_3 + Me_2S_3 \tag{3-25}$$

$$Te + Na_2S + 2S = Na_2TeS_3 \tag{3-26}$$

$$Te + Na_2S + 3S = Na_2TeS_4 \tag{3-27}$$

$$TeO_2 + 3Na_2S + 2H_2O = Na_2TeS_3 + 4NaOH \tag{3-28}$$

$$TeO_2 + 3Na_2S + S + 2H_2O = Na_2TeS_4 + 4NaOH \tag{3-29}$$

$$Na_2TeO_3 + 3Na_2S + 3H_2O = Na_2TeS_3 + 6NaOH \tag{3-30}$$

$$Na_2TeO_3 + 3Na_2S + S + 3H_2O = Na_2TeS_4 + 6NaOH \tag{3-31}$$

$$Na_2TeO_4 + 4Na_2S + 4H_2O = Na_2TeS_4 + 8NaOH \tag{3-32}$$

含碲物料 Na_2S 浸出时，碲的主要反应见式（3-30）和式（3-32）。利用表 3-4 热力学数据，按照式（3-3）和式（3-7）计算，得到含碲物料 Na_2S 浸出过程中 Na_2TeO_3 浸出反应的标准吉布斯自由能变化 $\Delta_r G_m^\ominus$ 和平衡常数 $K_p^\ominus$ 分别为 -207.40kJ/mol和 2.17×10^{36}。Na_2TeO_4 浸出反应的标准吉布斯自由能变化 $\Delta_r G_m^\ominus$ 和平衡常数 $K_p^\ominus$ 分别为-241.42kJ/mol 和 1.98×10^{42}。式（3-30）和式（3-32）的碲浸出反应的 $\Delta_r G_m^\ominus$ 小于零，且 $\Delta_r G_m^\ominus$ 的绝对值很大，说明该反应在热力学上容易进行；该浸出反应的平衡常数 $K_p^\ominus$ 也很大，说明在动力学上，碲在 Na_2S 溶液中的浸出反应可以进行得比较彻底。

表 3-4 碲浸出主要物质的热力学数据[163]

物质	Na_2TeO_3	Na_2TeO_4	Na_2S	Na_2TeS_3	Na_2TeS_4	NaOH
$\Delta_f G_{298}^\ominus$/kJ · mol^{-1}	-916.75	-980.85	-438.10	-634.67	-569.63	-419.20

3.1.4 锑的行为

含碲物料中锑主要以 $NaSb(OH)_6$ 的形式存在。Tang[166] 根据相关热力学数据，应用同时平衡原理和电中性原理，计算绘制了 298K 下的 Sb-S-H_2O 和 Sb-Na-S-H_2O 系的 E-pH 图，为详细地探讨锑在 Na_2S 浸出过程的元素分配规律。其平衡反应及平衡反应关系式见表 3-5，其 E-pH 图如图 3-3~图 3-6 所示。

表 3-5 Sb-S-H_2O 和 Sb-Na-S-H_2O 体系的平衡反应及平衡关系式

序号	平衡反应	平衡关系式
1	$S_2^{2-}+2e=2S^{2-}$	$E=-0.524-0.02955\lg(c_{S^{2-}}^2/c_{S_2^{2-}})$
2	$S_2O_3^{2-}+6H^++8e=2S^{2-}+3H_2O$	$E=-0.006-0.007388\lg(c_{S^{2-}}^2/c_{S_2O_3^{2-}})-0.04433pH$
3	$S^{2-}+H^+=HS^-$	$pH=13.39-\lg(c_{HS^-}/c_{S^{2-}})$
4	$SO_4^{2-}+8H^++8e=S^{2-}+4H_2O$	$E=0.149-0.007388\lg(c_{S^{2-}}/c_{SO_4^{2-}})-0.0591pH$
5	$SO_3^{2-}+6H^++6e=S^{2-}+3H_2O$	$E=0.231-0.009851\lg(c_{S^{2-}}/c_{SO_3^{2-}})-0.0591pH$
6	$SbO_2^-+4H^++3e=Sb+2H_2O$	$E=0.4332+0.0197\lg c_{SbO_2^-}-0.0788pH$
7	$HSbO_2+3H^++3e=Sb+2H_2O$	$E=0.23+0.0197\lg c_{SbO_2^-}-0.0591pH$
8	$SbO_3^{3-}+6H^++3e=Sb+3H_2O$	$E=0.8448+0.0197\lg c_{SbO_3^{3-}}-0.1182pH$
9	$SbO^++2H^++3e=Sb+H_2O$	$E=0.7636+0.0197\lg c_{SbO^+}-0.0394pH$
10	$SbSO^-+2H^++3e=Sb+H_2O+S^{2-}$	$E=0.2016-0.0197\lg(c_{S^{2-}}/c_{SbO^+})-0.0394pH$
11	$SbS_2^-+3e=Sb+2S^{2-}$	$E=-0.855-0.0197\lg(c_{S^{2-}}^2/c_{SbS_2^-})$
12	$SbS_3^{3-}+3e=Sb+3S^{2-}$	$E=-0.9-0.0197\lg(c_{S^{2-}}^3/c_{SbS_3^{3-}})$
13	$Sb_2S_4^{2-}+6e=2Sb+4S^{2-}$	$E=-0.65-0.00985\lg(c_{S^{2-}}^4/c_{Sb_2S_4^{2-}})$
14	$Sb_2S_5^{4-}+6e=2Sb+5S^{2-}$	$E=-0.86-0.00985\lg(c_{S^{2-}}^5/c_{Sb_2S_5^{4-}})$
15	$Sb_2S_6^{6-}+6e=2Sb+6S^{2-}$	$E=-0.9-0.00985\lg(c_{S^{2-}}^6/c_{Sb_2S_6^{6-}})$
16	$SbO_3^-+6H^++5e=Sb+3H_2O$	$E=0.4089+0.01182\lg c_{SbO_3^-}-0.07092pH$
17	$SbSO_2^-+4H^++5e=Sb+2H_2O+S^{2-}$	$E=0.00192-0.01182\lg(c_{S^{2-}}/c_{SbO_3^-})-0.04728pH$
18	$SbS_4^{3-}+5e=Sb+4S^{2-}$	$E=-0.73-0.01182\lg(c_{S^{2-}}^4/c_{SbS_4^{3-}})$
19	$2SbO_3^{3-}+3S^{2-}+12H^+=Sb_2S_3+6H_2O$	$pH=13.7121+0.08333\lg(c_{SbO_3^{3-}}/c_{S^{2-}}^3)$
20	$2SbO_2^-+3S^{2-}+8H^+=Sb_2S_3+4H_2O$	$pH=15.3404+0.125\lg(c_{SbO_2^-}^2/c_{S^{2-}}^3)$
21	$2HSbO_2+3S^{2-}+6H^+=Sb_2S_3+4H_2O$	$pH=17.0161+0.1667\lg(c_{HSbO_2}^2/c_{S^{2-}}^3)$
22	$2SbS_2^-=Sb_2S_3+S^{2-}$	$\lg(c_{S^{2-}}/c_{SbS_2^-})=-8.0401$
23	$2SbS_3^{3-}=Sb_2S_3+3S^{2-}$	$\lg(c_{S^{2-}}^3/c_{SbS_3^{3-}}^2)=-12.6057$
24	$Sb_2S_5^{4-}=Sb_2S_3+2S^{2-}$	$\lg(c_{S^{2-}}^2/c_{Sb_2S_5^{4-}})=-8.5475$
25	$Sb_2S_6^{6-}=Sb_2S_3+3S^{2-}$	$\lg(c_{S^{2-}}^3/c_{Sb_2S_6^{6-}})=-12.6057$
26	$2SbO_3^-+3S^{2-}+12H^++4e=Sb_2S_3+6H_2O$	$E=3.5147+0.01478\lg(c_{SbO_3^-}^2/c_{S^{2-}}^3)-0.1774pH$
27	$2SbO_2^-+3S^{2-}+8H^+=Sb_2S_3+4H_2O$	$E=1.1684+0.01478\lg(c_{SbO_2^-}^2/c_{S^{2-}})-0.11182pH$
28	$2SbS_4^{3-}+4e=Sb_2S_3+5S^{2-}$	$E=-0.7864-0.01478\lg(c_{S^{2-}}^5/c_{SbS_4^{3-}}^2)$
29	$Sb_2S_3+6e=2Sb+3S^{2-}$	$E=-0.7758-0.02955\lg c_{S^{2-}}^3$
30	$SbO_4^{3-}+2H^++2e=SbO_3^{3-}+H_2O$	$E=0.5077-0.02955\lg(c_{SbO_3^{3-}}/c_{SbO_4^{3-}})-0.0591pH$
31	$SbO_4^{3-}+4H^++2e=SbO_2^-+2H_2O$	$E=1.126-0.02955\lg(c_{SbO_2^-}/c_{SbO_4^{3-}})-0.1182pH$
32	$SbO_4^{3-}+5H^++2e=HSbO_2+2H_2O$	$E=1.4312-0.02955\lg(c_{HSbO_2}/c_{SbO_4^{3-}})-0.0591pH$

续表 3-5

序号	平衡反应	平衡关系式
33	$SbO_4^{3-}+2S^{2-}+8H^++2e=SbS_2^-+4H_2O$	$E=3.0596-0.02955\lg[c_{SbS_2^-}/(c_{SbO_4^{3-}}\cdot c_{S^{2-}}^2)]-0.2364pH$
34	$SbO_4^{3-}+2H^+=SbO_3^-+H_2O$	$E=12.7385-0.5\lg(c_{SbO_3^-}/c_{SbO_4^{3-}})$
35	$SbO_3^{3-}+6H^++2S^{2-}=SbS_2^-+3H_2O$	$pH=14.3875-0.1667\lg[c_{SbS_2^-}/(c_{SbO_3^{3-}}\cdot c_{S^{2-}}^2)]$
36	$SbO_2^-+4H^++2S^{2-}=SbS_2^-+2H_2O$	$pH=16.3519-0.1667\lg[c_{SbS_2^-}\ (c_{SbO_2^-}\cdot c_{S^{2-}}^2)]$
37	$HSbO_2+3H^++2S^{2-}=SbS_2^-+2H_2O$	$pH=18.3615-0.1667\lg[c_{SbS_2^-}/(c_{HSbO_2}^2\cdot c_{S^{2-}}^2)]$
38	$SbS_3^{3-}=SbS_2^-+S^{2-}$	$\lg(c_{SbS_2^-}\cdot c_{S^{2-}}/c_{SbS_3^{3-}})=2.2832$
39	$2SbS_2^-+2S^{2-}=Sb_2S_6^{6-}$	$E=4.5665-0.0197\lg[c_{Sb_2S_6^{6-}}/(c_{SbS_2^-}^2\cdot c_{S^{2-}}^2)]$
40	$2SbS_2^-+S^{2-}=Sb_2S_5^{4-}$	$E=0.5075-0.0197\lg[c_{Sb_2S_5^{4-}}/(c_{SbS_2^-}^2\cdot c_{S^{2-}})]$
41	$SbO_3^-+6H^++2e+2S^{2-}=SbS_2^-+3H_2O$	$E=2.3065-0.02955\lg[c_{SbS_2^-}/(c_{SbO_3^-}\cdot c_{S^{2-}}^2)]-0.1773pH$
42	$SbS_4^{3-}+2e=SbS_2^-+2S^{2-}$	$E=-0.6675-0.02955\lg(c_{SbS_2^-}\cdot c_{S^{2-}}^2/c_{SbS_4^{3-}})$
43	$SbSO_2^-+4H^++2e+S^{2-}=SbS_2^-+2H_2O$	$E=1.2886-0.02955\lg[c_{SbS_2^-}/(c_{S^{2-}}\cdot c_{SbSO_2^-})]-0.1182pH$
44	$NaSbS_2+3e=Sb+Na^++2S^{2-}$	$E=0.8954-0.0197\lg(c_{Na^+}\cdot c_{S^{2-}}^2)$

Na_3SbO_4 晶体和 $NaSbS_2$ 晶体存在下面的平衡：

$$Na_3SbO_4 = 3Na^+ + SbO_4^{3-} \qquad c_{Na^+}c_{SbO_4^{3-}} = 4.4494\times10^{-6} \tag{3-33}$$

$$NaSbS_2 = Na^+ + SbS_2^- \qquad c_{Na^+}c_{SbS_2^-} = 9.9283\times10^{-6} \tag{3-34}$$

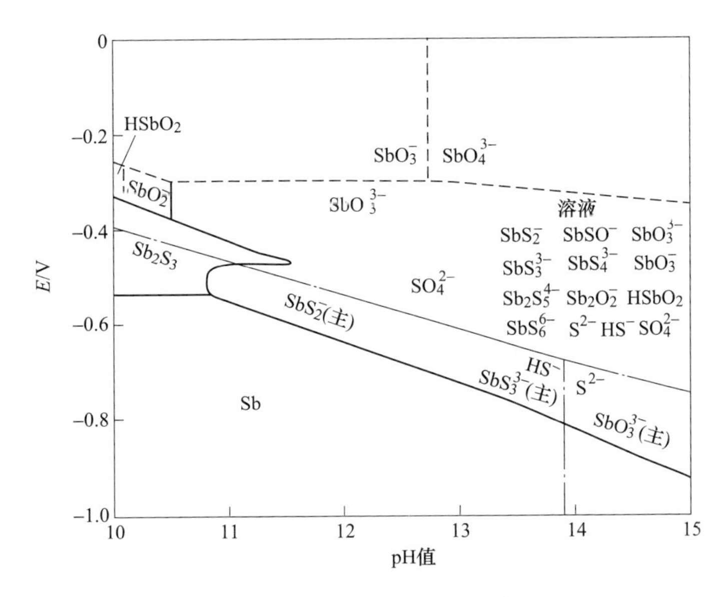

图 3-3 Sb-S-H_2O 系 E-pH 图[166]

（298K，$c_{Sb(T)}=1$，$c_{S(T)}=2$）

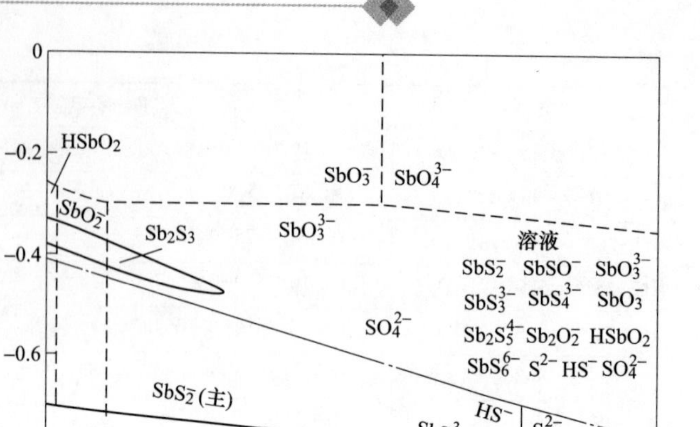

图 3-4 Sb-S-H_2O 系 E-pH 图[166]

（298K，$c_{Sb(T)}=1$，$c_{S(T)}=3$）

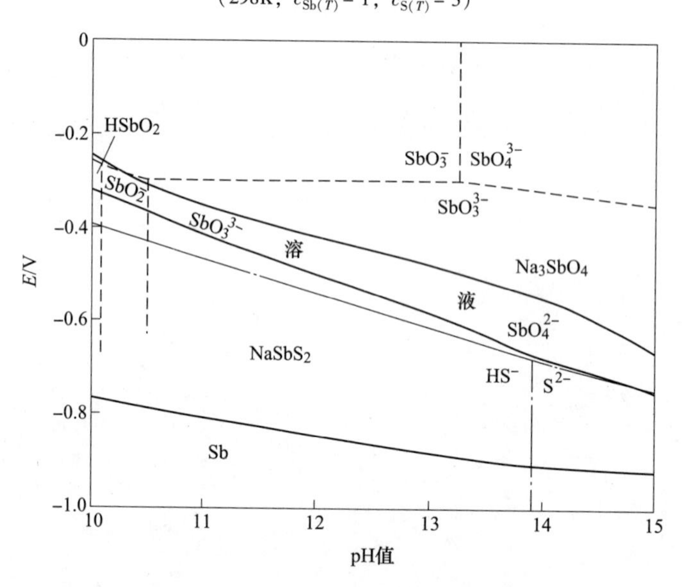

图 3-5 Sb-Na-S-H_2O 系 E-pH 图[166]

（298K，$c_{Sb(T)}=0.5$，$c_{S(T)}=2$）

由图 3-3 和图 3-4 可知：

（1）Sb-S-H_2O 是一个非常复杂的配合物体系，在其碱性电势区的溶液中，除了存在三价锑和五价锑的单一配位体的单核配合物离子（SbS_2^-、SbS_3^{3-}、SbS_4^{3-}）外，还有三价锑和五价锑的单一配位体的多核配合物离子（SbS_4^{2-}、$Sb_2S_5^{4-}$、

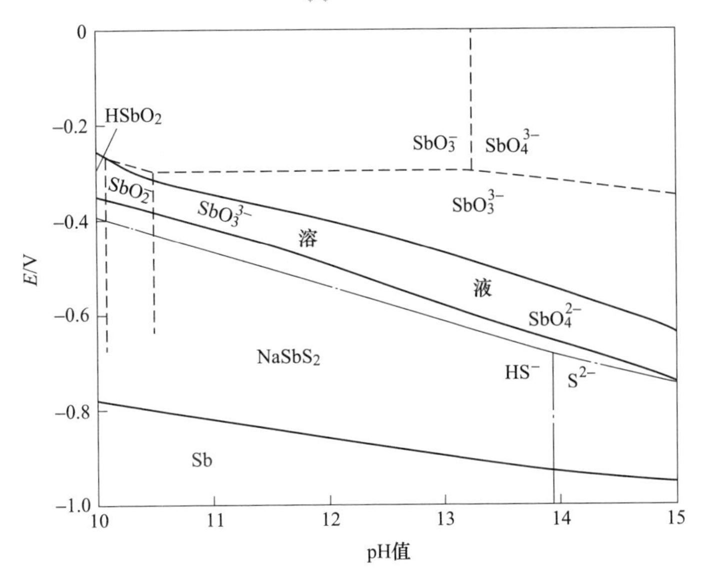

图 3-6 Sb-Na-S-H_2O 系 E-pH 图[166]

（298K，$c_{Sb(T)}=0.5$，$c_{S(T)}=3$）

SbS_6^{6-}）以及部分氧化配位体和全部氧化配位体的配合离子，前者如 $SbSO^-$，后者如 SbO^+、$SbSO_2^-$、$SbSO_3^-$、$SbSO_4^{3-}$。作为配位体的 S^{2-} 也有多种变价离子（S_2^{2-}、$S_2O_3^{2-}$、SO_4^{2-}、SO_3^{2-}、HS^-、H_2S 等）。

（2）在固液平衡线上，当 pH<13.6 时，溶液中锑与硫离子配位较少，此时溶液中主要为SbS_2^- 离子；当 pH = 13.6～14.2 时，溶液中锑与硫离子逐渐增多，溶液中主要以 SbS_3^{3-}、SbS_6^{6-} 离子为主；当 pH>14.2 时，氧化配位数量逐渐增多，溶液中主要为 SbO_3^{3-}。

（3）在溶液的稳定区，特别是简单配位配合离子稳定区很狭窄。即随着电势的升高，氧代配位体的个数增加，以致最后变成全部氧代的 SbO_4^{3-} 或者SbO_3^- 以及 SbO_3^{3-} 或则SbO_2^- 等离子，而被氧取代的 S^{2-} 氧化成 $S_2O_3^{2-}$ 等，这说明浸出液易氧化，生成各种钠盐（$Na_2S_2O_3$、Na_2SO_3、Na_2SO_4 等）。

由图 3-3～图 3-6 可知，$c_{S(T)}/c_{Sb(T)}$ 的比值对各物相的稳定区范围影响较大。当 $c_{S(T)}/c_{Sb(T)}$ 的比值升高时，对溶液相的稳定区域有利，其稳定区域范围变大，而 Sb、Sb_2S_3、$NaSbS_2$ 和 Na_3SbO_4 等固相稳定区范围则被压缩。这表明溶液中 $c_{S(T)}/c_{Sb(T)}$ 比值越大，将会促进锑的浸出。

因此，含碲物料硫化钠浸出时，控制一定温度和 Na_2S 浓度，其中的 $NaSb(OH)_6$ 可与 Na_2S 反应生成 Na_3SbS_4，而被浸出到溶液中。含碲物料 Na_2S 浸出过程锑可能发生的主要化学反应如下：

$$NaSb(OH)_6 + 4Na_2S \longrightarrow Na_3SbS_4 + 6NaOH \tag{3-35}$$

由表 3-6 中的热力学数据可以计算出含碲物料中锑在 Na_2S 溶液中浸出反应的吉布斯自由能 $\Delta_r G_m^{\ominus}$ 和平衡常数 $K_p^{\ominus}$ 分别为 -98.08kJ/mol 和 1.53×10^{17}。由于，锑与 Na_2S 反应的 $\Delta_r G_m^{\ominus}$ 小于零，且 $\Delta_r G_m^{\ominus}$ 的绝对值较大，因此，含碲物料中锑在 Na_2S 溶液中浸出反应的热力学趋势较大；同时，锑在 Na_2S 溶液中浸出反应 $K_p^{\ominus}$ 也比较大，说明在动力学上，锑在 Na_2S 溶液中浸出反应可以反应比较完全。

表 3-6 锑浸出主要物质的热力学数据

物质	$NaSb(OH)_6$	Na_2S	Na_3SbS_4	NaOH
$\Delta_f G_{298}^{\ominus}$/kJ·mol^{-1}	−1487.51	−438.10	−821.83	−419.20

将碲和锑在 Na_2S 溶液中浸出反应的吉布斯自由能 $\Delta_r G_m^{\ominus}$ 和平衡常数 $K_p^{\ominus}$ 对比可以发现，碲转化为 TeS_3^{2-}、TeS_4^{2-} 的热力学趋势比锑转化为 SbS_4^{3-} 的趋势更大，且在动力学上可进行地更加彻底。因此，可通过两段硫化钠浸出梯级分离含碲物料中的碲和锑。

3.1.5 铅、铋、铁和锌的行为

含碲物料中铅、铋、铁和锌主要以 PbO、Bi_2O_3、Fe_2O_3 和 ZnO 的形式存在。为明确含碲物料中铅、铋、铁和锌在硫化钠浸出过程中的热力学特征，根据文献资料中铅、铋、铁和锌相关热力学数据[167~169]，计算并绘制了常温下 Pb-S-H_2O 系、Bi-S-H_2O 系、Fe-S-H_2O 系和 Zn-S-H_2O 系的 E-pH 图，其分别如图 3-7～图 3-10 所示。

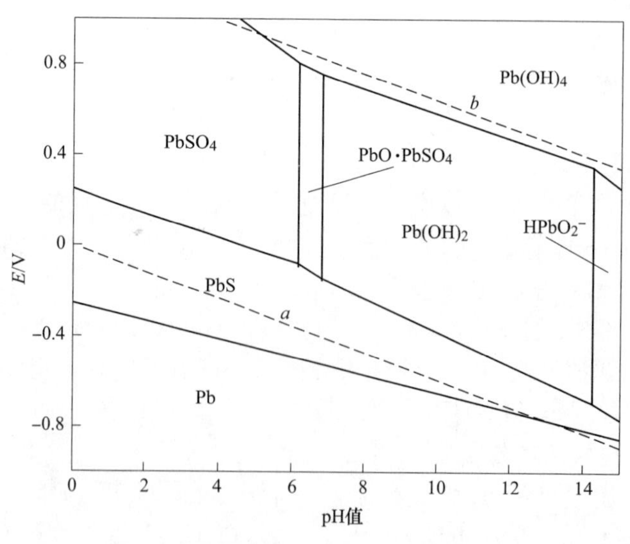

图 3-7 Pb-S-H_2O 系 E-pH 图

(298K，$c_{Pb(T)}=10^{-3}$，$c_{S(T)}=1$)

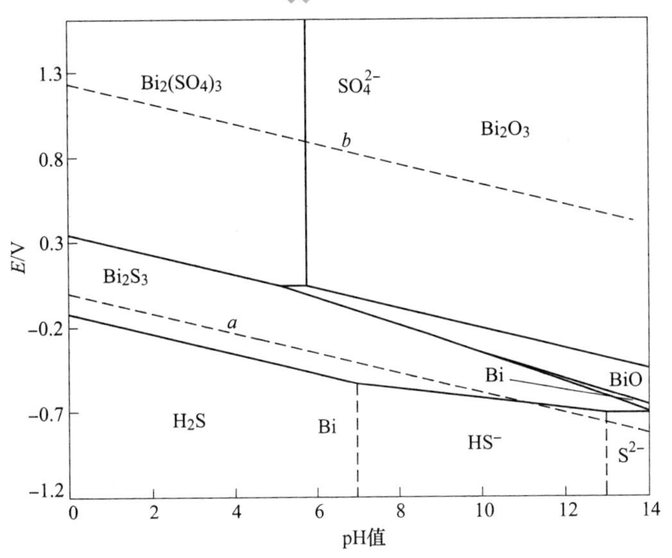

图 3-8 Bi-S-H_2O 系 E-pH 图

（298K，$c_{Bi(T)}=1$，$c_{S(T)}=1$）

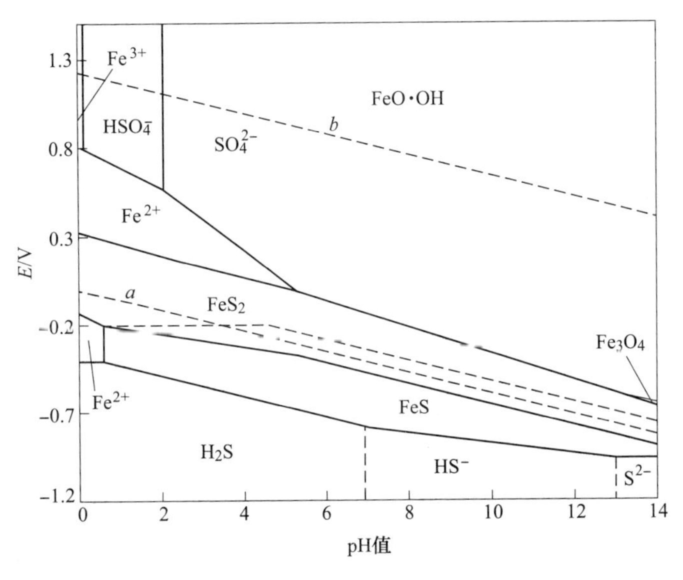

图 3-9 Fe-S-H_2O 系 E-pH 图

（298K，$c_{Fe(T)}=1$，$c_{S(T)}=1$）

由图 3-7 可知，在 Pb-S-H_2O 系中，水的稳定区域内主要由 PbS、$PbSO_4$、PbO · $PbSO_4$、$Pb(OH)_2$、$HPbO_2^-$ 和 $Pb(OH)_4$ 等物相组成。在体系中 PbS 比较稳定，其固相的稳定区域较大。当体系电位正向移动时，当溶液 pH<7 时，PbS 转

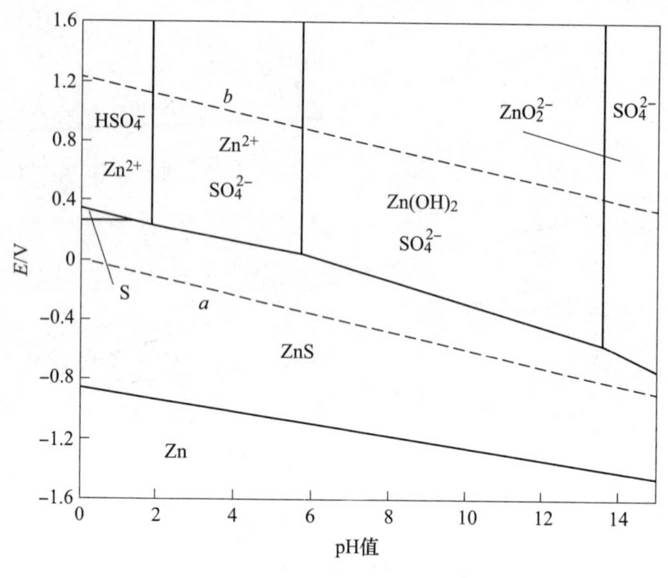

图 3-10 Zn-S-H_2O 系 E-pH 图

（298K，$c_{Zn(T)}=10^{-2}$，$c_{S(T)}=1$）

化为 $PbSO_4$ 和 PbO · $PbSO_4$；当溶液 pH > 7 时，PbS 则转化为 $Pb(OH)_2$ 和 $HPbO_2^-$。当体系电位非常正时，PbS 可转化为 $Pb(OH)_4$。

从图 3-8 可以看出，在 Bi-S-H_2O 系中，水的稳定区域内主要由 Bi、Bi_2S_3、BiO、Bi_2O_3、$Bi_2(SO_4)_3$ 等物相组成。在体系中 Bi_2S_3 比较稳定，其固相的稳定区域较大。当体系电位正向移动时，当溶液 pH<7 时，Bi_2S_3 转化为 $Bi_2(SO_4)_3$ 和 Bi_2O_3；当溶液 pH>7 时，Bi_2S_3 则转化为 Bi、BiO 和 Bi_2O_3。

从图 3-9 可以看出，在 Fe-S-H_2O 系中，水的稳定区域内主要由 FeS_2、Fe^{2+}、Fe^{3+}、FeS、Fe_3O_4 和 FeO · OH 等物相组成。在体系中 FeS_2 比较稳定，其固相的稳定区域较大。当体系电位正向移动时，当溶液 pH<7 时，FeS_2 转化为 Fe^{2+} 和 Fe^{3+}；当溶液 pH>7 时，PbS 则转化为 FeS 和 Fe_3O_4。当体系电位非常正时，FeS_2 可转化为 FeO · OH。

从图 3-10 可以看出，在 Zn-S-H_2O 系中，水的稳定区域内主要由 ZnS、Zn^{2+}、S、SO_4^{2-}、HSO_4^-、$Zn(OH)_2$ 和 ZnO_2^{2-} 等物相组成。在体系中 ZnS 比较稳定，其固相的稳定区域较大。当体系电位正向移动时，当溶液 pH<7 时，ZnS 转化为 Zn^{2+}、S、HSO_4^- 和 SO_4^{2-}；当溶液 pH>7 时，ZnS 则转化为 SO_4^{2-}、$Zn(OH)_2$ 和 ZnO_2^{2-}。

由于，含碲物料中铅、铋、铁和锌等主要以 PbO、Bi_2O_3、Fe_2O_3 和 ZnO 的形式存在，因此，含碲物料 Na_2S 浸出时，铅、铋、铁和锌等氧化物都转化为难溶于水的 PbS、Bi_2S_3、FeS 和 ZnS，富集于浸出渣中。含碲物料 Na_2S 浸出过程铅、

铋、铁和锌的发生的主要反应如下：

$$PbO + Na_2S + H_2O \longrightarrow PbS + 2NaOH \tag{3-36}$$

$$Bi_2O_3 + 3Na_2S + 3H_2O \longrightarrow Bi_2S_3 + 6NaOH \tag{3-37}$$

$$Fe_2O_3 + 3Na_2S + 3H_2O \longrightarrow 2FeS + 6NaOH + S \tag{3-38}$$

$$ZnO + Na_2S + H_2O \longrightarrow ZnS + 2NaOH \tag{3-39}$$

3.2 浸出液中金属回收

3.2.1 亚硫酸钠还原沉淀碲的机理分析

由3.1.3节中碲的行为可知，含碲物料 Na_2S 浸出时，溶液中碲主要以 TeS_3^{2-} 和 TeS_4^{2-} 的形式存在，通过添加还原剂降低溶液电位即可实现碲的回收。

亚硫酸钠是一种常用的廉价还原剂。亚硫酸钠是强碱弱酸盐，将亚硫酸钠加入水溶液时，SO_3^{2-} 会发生水解反应，即可与 H^+ 发生加质子反应，有关的反应及平衡常数见表3-7。

表3-7 SO_3^{2-} 的加合质子反应及平衡常数[156]

序号	加合质子反应方程式	平衡常数 K^H
1	$SO_3^{2-}+H^+ = HSO_3^-$	$K_1^H = 10^{7.20}$
2	$SO_3^{2-}+2H^+ = H_2SO_3$	$K_2^H = 10^{9.10}$

因此，亚硫酸钠在水溶液中主要以 SO_3^{2-}、HSO_3^- 和 H_2SO_3 的形式存在，溶液中亚硫酸根离子的总浓度 $c_{SO_{3(T)}^{2-}}$ 见式（3-40）。

$$c_{SO_{3(T)}^{2-}} = c_{SO_3^{2-}} + c_{HSO_3^-} + c_{H_2SO_3} \tag{3-40}$$

SO_3^{2-}、HSO_3^-、H_2SO_3 所占 $c_{SO_{3(T)}^{2-}}$ 的浓度分数 $\delta_{SO_3^{2-}}$、$\delta_{HSO_3^-}$、$\delta_{H_2SO_3}$ 分别见式（3-41）~式（3-43）。

$$\delta_{SO_3^{2-}} = \frac{c_{SO_3^{2-}}}{c_{SO_{3(T)}^{2-}}} = \frac{1}{1 + K_1^H c_{H^+} + K_2^H c_{H^+}^2} \tag{3-41}$$

$$\delta_{HSO_3^-} = \frac{c_{HSO_3^-}}{c_{SO_{3(T)}^{2-}}} = \frac{K_1^H c_{H^+}}{1 + K_1^H c_{H^+} + K_2^H c_{H^+}^2} \tag{3-42}$$

$$\delta_{H_2SO_3} = \frac{c_{H_2SO_3}}{c_{SO_{3(T)}^{2-}}} = \frac{K_2^H c_{H^+}^2}{1 + K_1^H c_{H^+} + K_2^H c_{H^+}^2} \tag{3-43}$$

将表3-7中 SO_3^{2-} 与 H^+ 的积累加质子常数代入式（3-41）~式（3-43），可得 $\delta_{SO_3^{2-}}$、$\delta_{HSO_3^-}$、$\delta_{H_2SO_3}$ 与pH值的关系，结果如图3-11所示。

由图3-11可见，当溶液中 $pH<1.9$ 时，亚硫酸根在溶液中主要以 H_2SO_3 的形

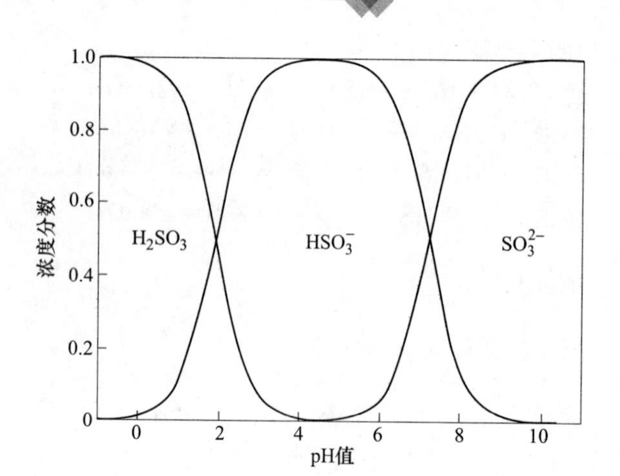

图 3-11 $\delta_{SO_3^{2-}}$，$\delta_{HSO_3^-}$，$\delta_{H_2SO_3}$与 pH 值的关系

式存在；当 pH=1.9~7.2 时，主要以 HSO_3^- 的形式存在；而当 pH>7.2 时，主要以 SO_3^{2-} 的形式存在。因此，在碱性条件下，亚硫酸钠主要以 SO_3^{2-} 的形式参加反应。由于 TeS_3^{2-}、TeS_4^{2-} 可被 SO_3^{2-} 还原为碲单质[157,158,163,170,171]，其化学反应式见式（3-44）和式（3-45），因此可实现浸出液中碲的有效回收。

$$Na_2TeS_3 + 2Na_2SO_3 = 2Na_2S_2O_3 + Na_2S + Te\downarrow \tag{3-44}$$

$$Na_2TeS_4 + 3Na_2SO_3 = 3Na_2S_2O_3 + Na_2S + Te\downarrow \tag{3-45}$$

循环伏安法（cyclic voltammetry，CV）是线性电位扫描方法的一种，也是一种暂态测量方法，比较简便、有效，往往用于测量电极参数，判定过程是否可逆、控速步骤及反应机理等[172~174]。在扫描电位范围内，循环伏安法可以比较清晰地显示电极所发生的反应，为探究电极反应的机理提供强有力的支撑和证据。

为了明确亚硫酸钠还原沉淀碲过程的机理，对溶液进行线性伏安扫描测试。在溶液中碲浓度为 10mmol/L、Na_2S 浓度为 60mmol/L、NaOH 浓度 1mol/L、溶液温度为 30℃、扫描速度为 0.05V/s，电势区间-0.75~-1.05V 内进行线性伏安扫描，其线性伏安扫描结果如图 3-12 所示。

由图 3-12 可知，随着负向线性扫描，当电极电势为-0.8V，阴极电流密度逐渐增大，阴极还原反应开始发生，随着电势的继续负移，当电势为-0.856V 时，有一个明显的 C_1峰，其电流密度为 0.0156mA/cm²，该峰对应的反应见式（3-46）。电势继续负扫，在-0.95V 处出现另一个明显的还原峰 C_2，其电流密度为 0.0136mA/cm²，此时工作电极上有大量碲沉积，其对应的反应为式（3-47），其与文献［175］和［176］报道一致。

$$TeS_4^{2-} + 2e \longrightarrow TeS_3^{2-} + S^{2-} \tag{3-46}$$

$$TeS_3^{2-} + 4e \longrightarrow Te\downarrow + 3S^{2-} \tag{3-47}$$

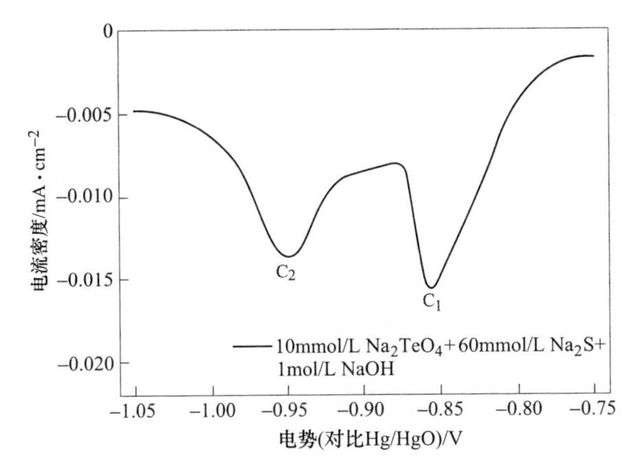

图 3-12 碲（Ⅵ）还原线性伏安扫描图

3.2.2 H_2O_2 氧化沉锑的机理分析

由 3.1.3 节中锑的行为可知，含碲物料 Na_2S 浸出时，溶液中锑主要以 SbS_4^{3-} 的形式存在，溶液中的锑在 H_2O_2 的作用下，能被氧化为 $NaSb(OH)_6$ 而从溶液中沉淀出来[177~180]，见式（3-48）。

$$Na_3SbS_4 + 16H_2O_2 + 6NaOH \longrightarrow NaSb(OH)_6\downarrow + 4Na_2SO_4 + 16H_2O \quad (3\text{-}48)$$

表 3-8 列出了 H_2O_2 氧化沉锑相关物质的热力学数据，其数据主要来源于文献资料[114, 180]。

表 3-8 H_2O_2 氧化沉锑相关物质的热力学数据[169]

物质	Na_3SbS_4	H_2O_2	NaOH	$NaSb(OH)_6$	Na_2SO_4	H_2O
$\Delta_f G_{298}^{\ominus}$/kJ·mol^{-1}	−821.83	−120.42	−419.20	−1487.51	−1268.40	−237.14

由表 3-8 中的热力学数据，可以计算出 H_2O_2 氧化沉淀锑的标准吉布斯自由能变化 $\Delta_r G_m^{\ominus}$ 和平衡常数 $K_p^{\ominus}$ 分别为 −1282.40kJ/mol 和 4.8×10^{224}。由于，H_2O_2 氧化沉淀锑反应的 $\Delta_r G_m^{\ominus}$ 是负值，且 $\Delta_r G_m^{\ominus}$ 的绝对值比较大，表明 H_2O_2 氧化沉淀锑的反应的热力学趋势较大；另外，H_2O_2 氧化沉淀锑反应的平衡常数 $K_p^{\ominus}$ 也比较大，因此，H_2O_2 氧化沉淀锑反应在动力学上可进行的比较完全。

另外，由图 3-5 和图 3-6 所示的 Sb-Na-S-H_2O 系 *E*-pH 图可知：$NaSbS_2$ 和 Na_3SbO_4 的固相稳定区范围较大。当体系 pH 值正向移动时，溶液中的 Sb 主要以五价离子或其化合物为主，Na_3SbO_4 固相稳定区域范围变广，$NaSbS_2$ 固相稳定区域则被压缩，$NaSbS_2$ 和 Na_3SbO_4 之间的电位差缩小，因此，当溶液电位和 pH 值都正向移动时，$NaSbS_2$ 比较容易转化为 Na_3SbO_4，而 S^{2-} 则氧化为 Na_2SO_4、Na_2SO_3 和 $Na_2S_2O_3$ 等。

4 含碲物料一段硫化钠浸出研究

本章采用一段硫化钠浸出选择性分离含碲物料中的碲，在第3章含碲物料中有价金属硫化钠浸出热力学分析的基础上，考察含碲物料一段硫化钠浸出过程Na_2S浓度、浸出温度、浸出时间和液固比等因素对浸出过程Te和Sb浸出率的影响，确定适宜的浸出条件，通过工艺优化和控制实现Te的选择性高效溶出。

在含碲物料一段硫化钠浸出单因素实验的基础上，通过探索浸出温度及时间对一段硫化钠浸出过程中Te和Sb浸出率的影响，分析浸出过程的动力学特征，确定Te和Sb浸出过程的控制步骤，推导出Te和Sb的浸出动力学方程，找出选择性高效溶出Te的有效措施，为含碲物料中Te高效提取提供理论和技术依据。

4.1 一段硫化钠浸出工艺研究

4.1.1 硫化钠浓度对浸出率的影响

Na_2S浓度偏高，将导致生产成本高；Na_2S浓度偏低，有价金属的浸出效果又受到影响，因此，为了确定优化的Na_2S浓度，考察Na_2S浓度对含碲物料一段Na_2S浸出过程的影响十分有必要。

在含碲物料为20g、浸出温度为50℃、浸出时间为60min，液固比（mL/g）为10：1的条件下，考察了Na_2S浓度分别为0g/L、20g/L、40g/L、60g/L、80g/L和100g/L时对Te和Sb浸出率的影响，其实验结果如图4-1所示。

从图4-1可以看出，Na_2S浓度对Te浸出率的影响较大。当Na_2S浓度增大时，Te的浸出率一开始快速上升，然后趋于平衡。当Na_2S浓度由0g/L增加为40g/L，Te的浸出率由18.28%增加至87.48%，然后趋于稳定。另外，在Na_2S浓度较低时，Sb的浸出率几乎为零，当Na_2S浓度增加至80g/L时，Sb的浸出率才开始逐渐增大。在Na_2S浓度为100g/L时，Sb的浸出率增加为16.47%左右。另外，Pb、Bi、Fe和Zn等元素的浸出率在考察的Na_2S浓度范围内几乎为零，富集于浸出渣中。

在Na_2S溶液中，当Te的浸出率达到平衡后，Sb的浸出率才开始慢慢上升，这表明Na_2TeO_3、Na_2TeO_4相对于$NaSb(OH)_6$优先与S^{2-}进行反应，Te相比于Sb，具有更好的亲硫性。综合考虑浸出剂Na_2S的消耗及Te和Sb的浸出率，选

择 Na_2S 浓度为 40g/L，以实现含碲物料选择性浸出 Te 的目的。

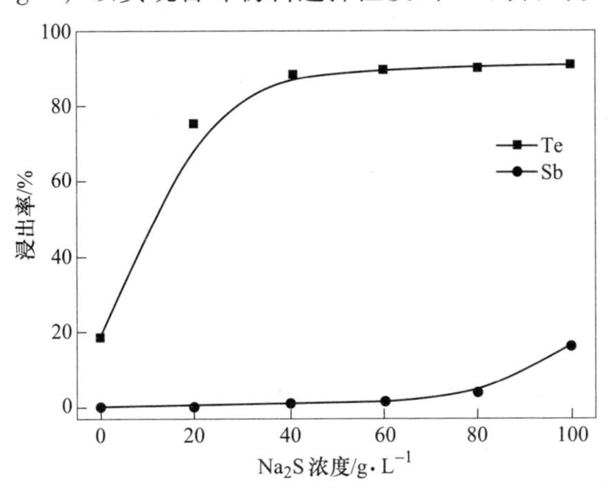

图 4-1 Na_2S 浓度对 Te 和 Sb 浸出率的影响

4.1.2 浸出温度对浸出率的影响

浸出温度升高可以提高反应物化学活性，增加化学反应速度。但是当浸出温度过高时，将导致热能大量消耗，而对反应速度的促进作用则十分有限，所以含碲物料一段硫化钠浸出过程选择合适的浸出温度尤为重要。

在含碲物料为 20g、Na_2S 浓度为 40g/L、浸出时间 60min、液固比为 10：1 的条件下，考察了浸出温度分别为 20℃、35℃、50℃、65℃和 80℃时对 Te 和 Sb 浸出率的影响，实验结果如图 4-2 所示。

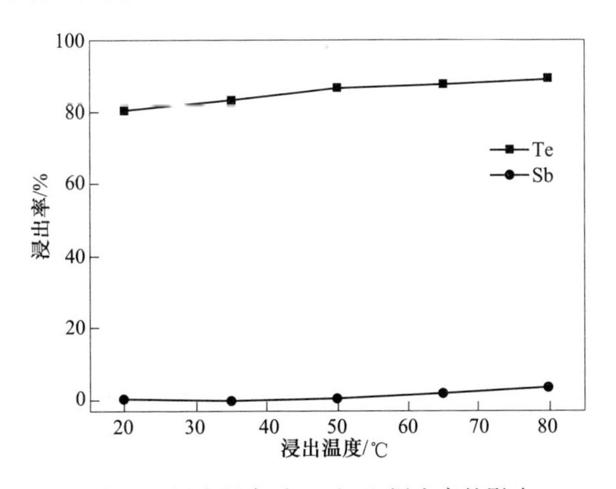

图 4-2 浸出温度对 Te 和 Sb 浸出率的影响

从图 4-2 可以看出，浸出温度对 Te 和 Sb 的浸出率影响较小。随着浸出温度的升高，Te 的浸出率开始逐渐上升，然后达到平衡。在浸出温度由 20℃升高至 50℃时，Te 的浸出率由 81.12%增加至 87.56%，然后趋于稳定；另外，在考察的浸出温度范围内，Sb 的浸出率都几乎为零，当浸出温度升高至 80℃时，Sb 的浸出率有少许增加，但也仅为 3.31%。而且，Pb、Bi、Fe 和 Zn 等元素在研究的浸出温度内几乎不浸出，与 Sb 富集于浸出渣中。浸出温度增加，反应物化学活性增强，溶液中传质传热速度加快，反应时间缩短，但是温度过高，将导致热能大量消耗。综合考虑，选择浸出温度为 50℃。

4.1.3　浸出时间对浸出率的影响

在含碲物料为 20g、Na_2S 浓度为 40g/L、浸出温度为 50℃、液固比（mL/g）为 10∶1 的条件下，考察了浸出时间分别为 10min、20min、30min、60min 和 120min 时对 Te 和 Sb 浸出率的影响，实验结果如图 4-3 所示。

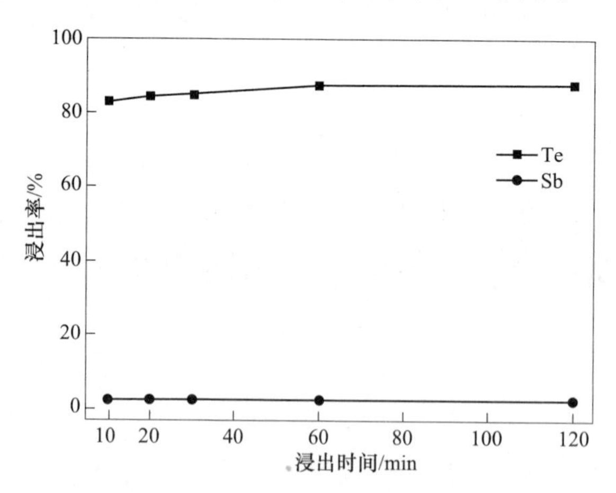

图 4-3　浸出时间对 Te 和 Sb 浸出率的影响

由图 4-3 可以看出，浸出时间对 Te 的影响较小。随着浸出时间延长，Te 的浸出率逐渐升高，然后趋于平衡。当浸出时间为 10min，Te 的浸出率达到 82.85%，说明 Na_2TeO_3、Na_2TeO_4 与 Na_2S 的反应速率很快，整个反应过程不需要较长的反应时间。当浸出时间延长为 60min 时，Te 的浸出率增大为 87.95%，然后趋于稳定。而 Sb 的浸出率在考察的浸出时间范围内几乎为零，与 Pb、Bi、Fe、Zn 等富集于浸出渣中。浸出时间延长，反应进行更加彻底，但生产周期将会延长，综合考虑，选择 60min 为合适的浸出时间。

4.1.4　液固比对浸出率的影响

在 Na_2S 浓度为 40g/L、浸出温度为 50℃、浸出时间为 60min、浸出液体积为

200mL 的条件下，考察了液固比（mL/g）分别为 5∶1、6∶1、7∶1、8∶1、9∶1 和 10∶1 时对 Te 和 Sb 浸出率的影响，其实验结果如图 4-4 所示。

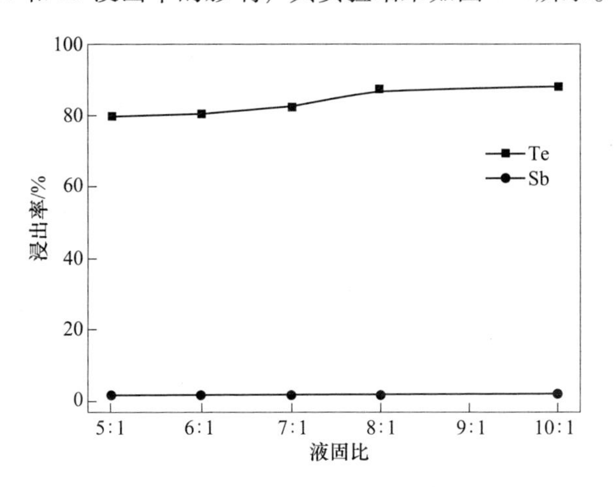

图 4-4 液固比对 Te 和 Sb 浸出率的影响

由图 4-4 可知，液固比的增加有利于 Te 的浸出率。当液固比由 5∶1 增加至 8∶1 时，Te 的浸出率由 78.73%升高为 87.37%，当液固比大于 8∶1 时，Te 的浸出率趋于平衡。而 Sb 的浸出率在考察的液固比范围内几乎为零，与 Pb、Bi、Fe、Zn 等富集于浸出渣中。液固比增大，Na_2S 溶液与含碲物料充分接触，液固两相的传质加快[181,182]，进而促进 Te 的浸出。但是，液固比偏高则会导致生产产能减少，废水处理困难增加。因此，选择 8∶1 为合适的液固比。

4.1.5 综合实验

通过以上系列实验研究，确定含碲物料一段硫化钠浸出的优化工艺条件为：Na_2S 浓度为 40g/L、浸出温度为 50℃、浸出时间为 60min、液固比（mL/g）为 8∶1。在此优化条件下，进行了综合实验，一段硫化钠浸出综合实验中各元素的浸出率和浸出渣的化学组成分别见表 4-1 和表 4-2，浸出渣的 XRD 图谱和 SEM 照片如图 4-5 和图 4-6 所示。

表 4-1 含碲物料一段硫化钠浸出综合实验中各元素的浸出率

项目	浸出率/%					
	Te	Sb	Pb	Bi	Fe	Zn
1	87.56	0.88	0.02	0.03	0.02	0.04
2	88.05	0.75	0.01	0.02	0.02	0.03
3	87.69	0.81	0.01	0.03	0.01	0.05
平均值	87.77	0.81	0.013	0.027	0.17	0.04

表 4-2　含碲物料一段硫化钠浸出综合实验浸出渣的化学组成

元素	Sb	Pb	Na	Bi	S	Fe	Te	Si	Zn	Al
质量分数/%	27.56	11.59	8.59	5.54	4.69	3.43	2.73	2.15	1.73	1.56

由表 4-1 和表 4-2 可知，在综合实验条件下，含碲物料一段硫化钠浸出过程 Te 的平均浸出率达 87.77%，而 Sb、Pb、Bi、Fe 和 Zn 的平均浸出率分别为 0.81%、0.013%、0.027%、0.17%和 0.04%，含碲物料中大部分的 Te 都进入浸出液中，含碲物料中的 Te 含量由 11.60%降至 2.73%，实现了含碲物料中 Te 的选择性分离。还有部分 Te 不能有效浸出的原因可能是被含碲物料中未反应的 $NaSb(OH)_6$ 或者反应生成的 PbS、Bi_2S_3、FeS 和 ZnS 等包裹，该部分 Te 不能和浸出剂 Na_2S 充分接触，导致 Te 的浸出率只有 88%。另外，浸出渣中 Sb、Pb 和

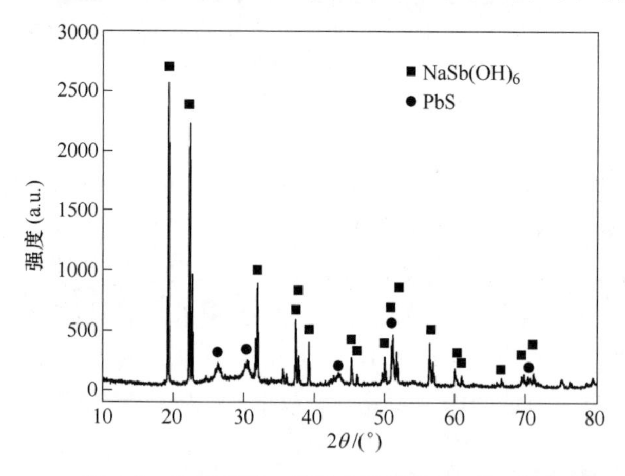

图 4-5　含碲物料一段硫化钠浸出渣 XRD 谱

图 4-6　含碲物料一段硫化钠浸出渣 SEM 图

Bi 的含量分别为 27.56%、11.59%和 5.54%，相对于含碲物料中 Sb、Pb 和 Bi 含量，都有一定程度的富集。

由图 4-5 可知，一段硫化钠浸出渣的 XRD 衍射峰与 $NaSb(OH)_6$、PbS 的标准图谱十分匹配，表明一段硫化钠浸出渣中 Sb 和 Pb 主要以 $NaSb(OH)_6$ 和 PbS 的形式存在。将一段硫化钠浸出渣和含碲物料的 XRD 结果图谱进行对比，发现 $NaSb(OH)_6$ 的衍射峰没有发生改变，仅增加了 PbS 的衍射峰，这也表明 Sb 在一段硫化钠浸出过程基本没有参与反应。但 Te、Bi、Fe 和 Zn 等组分的物相未能在 XRD 图谱中显现。

由图 4-6 可知，含碲物料颗粒呈现出大小不一、颜色基本一致的特征，颗粒尺寸分布区间为几微米到几十微米，颗粒形状为不规则块状和粒状，颗粒之间相互黏附、簇拥在一起。

为明晰含碲物料一段硫化钠浸出渣中 Te、Bi、Fe 和 Zn 等元素的赋存状态，以确定其在一段硫化钠浸出过程的转化行为，对其进行 XPS 分析，其结果如图 4-7 所示。

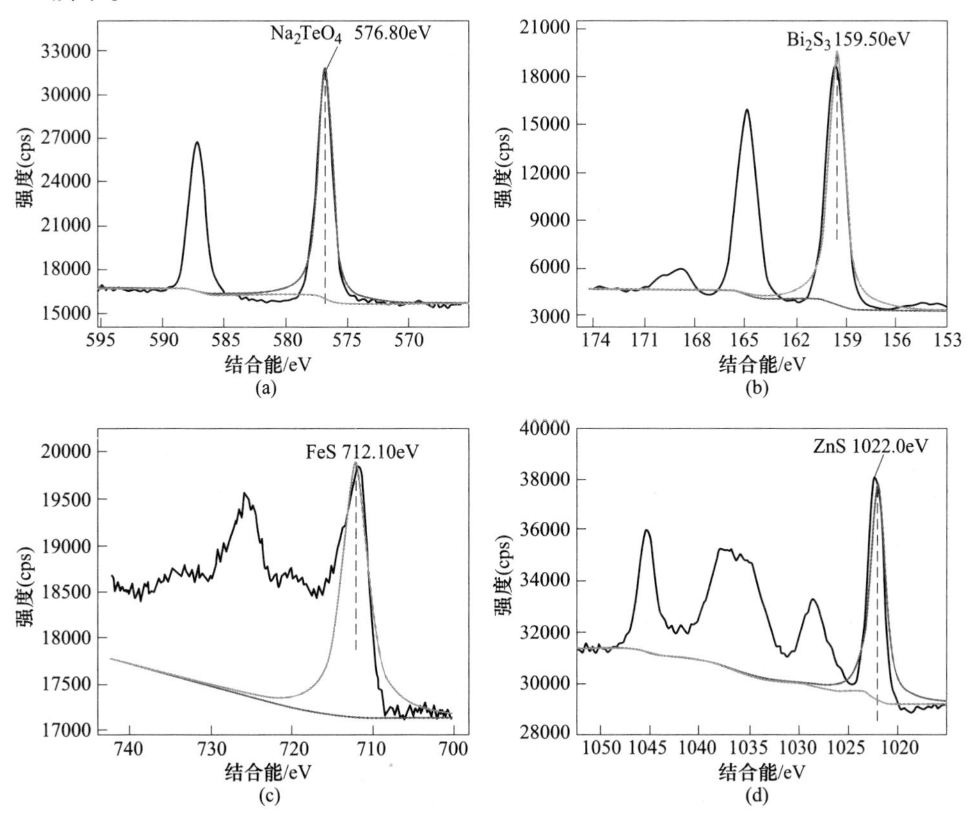

图 4-7 含碲物料一段硫化钠浸出渣中 Te、Bi、Fe、Zn XPS 图谱及拟合结果

(a) Te $3d_{5/2}$；(b) Bi $4f_{7/2}$；(c) Fe $2p_{3/2}$；(d) Zn $2p_{3/2}$

由图 4-7（a）可知，Te $3d_{5/2}$在 576.80eV 处有一个明显的峰，这是 Na_2TeO_4 的特征峰[149]。因此，一段硫化钠浸出渣中 Te 主要以 Na_2TeO_4 的形式存在，表明在含碲物料一段硫化钠浸出过程，Na_2TeO_3 与 Na_2S 基本反应完全进入到溶液中，部分 Na_2TeO_4 未能反应完全残留在浸出渣中。

由图 4-7（b）~（d）可知，Bi $4f_{7/2}$、Fe $2p_{3/2}$、Zn $2p_{3/2}$ 分别在 159.50eV、712.10eV、1022.0eV 处有一个明显的峰，这分别是 Bi_2S_3、FeS、ZnS 的特征峰[183~186]。因此，含碲物料一段硫化钠浸出渣中 Bi、Fe、Zn 主要以 Bi_2S_3、FeS、ZnS 的形式存在。

将含碲物料与一段硫化钠浸出渣中 Pb、Bi、Fe、Zn 等元素的赋存状态对比可知，在一段硫化钠浸出过程中，Pb、Bi、Fe、Zn 等由氧化物相转化为相应的硫化物的物相而富集于浸出渣中。

4.2 一段硫化钠浸出动力学研究

4.2.1 浸出动力学理论及研究方法

含碲物料一段硫化浸出是一个典型的液固反应过程，而液固反应在湿法冶金中是一类非常重要的反应。冶金过程中的液固反应主要有原料的浸出、浸出液的净化和目标产物的沉淀等，其典型的特点是反应在固体与流体相之间进行。完整的液固反应过程见式（4-1）。

$$aA_{(s)} + bB_{(l)} = eE_{(s)} + dD_{(l)} \tag{4-1}$$

式中，$A_{(s)}$为固体反应物；$B_{(l)}$为液体反应物；$E_{(s)}$为固体生成物；$D_{(l)}$为液体生成物。

具体到某一个液固反应，其途径的过程可能会缺少 A、B、E、D 中一项或者两项而不尽相同，但是反应过程中至少应包括一个固相和一个液相。

目前，最常见的模拟液固多相反应的模型主要是收缩未反应核模型[187~189]，其反应特征是发生化学反应的界面由颗粒表面不断向颗粒的中心缩小，刚开始反应时颗粒的外表面与液相完全接触反应，随着反应的进行不断形成新的固体产物层，被固体产物层包裹的是还未参与反应的芯部，两者的交界面即为发生反应的反应面，液相通过渗透穿过固体产物层而到达反应界面与未反应的固体发生反应，固体产物层不断向颗粒内部扩展，未反应核芯不断缩小直至消失。收缩未反应核模型又分为粒径不变和粒径缩小的两类收缩未反应核模型。前者缩核模型特点是反应过程颗粒的粒径大小不变，有固相产物层生成；后者缩核模型特点是反应过程颗粒的粒径大小不断缩小，无固相产物层生成，产物溶解或以离子形态进入液相中。在实际的湿法冶金浸出过程中，原料颗粒中除目标金属元素之后一般还含有大量的杂质成分，在浸出反应过程中颗粒外一般会形成一层难于脱落的固体产物层，颗粒的尺寸大小几乎不会变化。如果此产物致密则不管是反应物还是

生成物都难以在其中扩散，那么反应过程主要受固体产物层的内扩散控制；如果形成的固体产物层疏松多孔，反应物和产物极易通过，那么化学反应就将是整个反应速率的控制步骤。

收缩核模型中的化学反应过程由以下步骤组成：

步骤1：反应物B由液相中通过边界层向固体反应产物E的表面扩散，即外扩散。

步骤2：反应物B通过固体反应产物E向反应界面的扩散，即内扩散。

步骤3：反应物B与固体A在反应界面上发生化学反应，实际通过三步进行：

（1）扩散到A表面的B被A吸附生成吸附络合物A·B；

（2）A·B转变成为固相E·D；

（3）D在固体E层向外扩散进而在E上的解吸。

第（1）步和第（3）步通称吸附阶段；第（2）步通称结晶—化学反应阶段。

步骤4：生成物D由反应界面通过固体反应产物层E向边界层扩散。

步骤5：生成物D由通过边界层向外扩散。

液固相反应是由以上各步骤连续进行的，总的反应速率取决于最慢的环节，这一环节被称为控制步骤，例如内扩散步骤最慢时则反应过程为内扩散控制。如果其中有两个步骤的速率大体相等，并且远远小于另外步骤的速率，则反应过程为此两者的混合控制。当化学反应的平衡常数很大，即反应基本上不可逆时，反应速率决定于浸出剂的内扩散和外扩散阻力，以及化学反应的阻力，而生成物的外扩散阻力可以忽略不计。研究含碲物料一段硫化钠浸出过程动力学的主要任务就是查明碲和锑浸出过程的控制步骤，从而有针对性地采取相应措施进行强化以促进碲和锑的浸出。

对于球形或类球形的致密固体颗粒，如果表面各处的化学活性相同，则其在液相中的浸出反应过程受化学反应控制、内扩散控制和混合控制过程的动力学方程可分别用式（4-2）、式（4-3）和式（4-4）表达：

$$1-(1-X)^{1/3}=kt \tag{4-2}$$

$$1-2X/3-(1-X)^{2/3}=kt \tag{4-3}$$

$$1-(1-X)^{1/3}+k_1[1-2X/3-(1-X)^{2/3}]=kt \tag{4-4}$$

式中，X为浸出率；t为反应时间；k为综合速率常数；k_1为相关系数。

在开展浸出动力学实验研究并使用上述动力学方程进行拟合时必须遵守下列条件：液相浸出剂的浓度可视为不变，因此要求浸出剂起始浓度要大大过量或者在实验过程中按照消耗量进行连续补充；反应物为单一粒度、各方向上的化学性质相同的球形或类球形致密粒子。

当搅拌速度较快同时温度较低时，外扩散通常不是控制步骤；当温度较高、化学反应速率较快、固体产物层较厚且较致密时，内扩散通常是控制步骤；当温度较低、固体产物层疏松时，内扩散速率比较快，则化学反应通常称为控制步骤。当浸出反应过程处于不同的控制步骤之下时，浸出温度对反应速率的影响是不同的。当浸出反应过程受化学反应控制时，浸出反应速率随着浸出温度的升高而急剧增加；当浸出反应过程受扩散控制时，浸出温度的变化对浸出率的影响没有在受化学反应控制时显著，这是因为化学反应速率受到反应物在固体产物层扩散系数的影响，而浸出温度对反应物扩散系数的影响远不及对化学反应速率的影响。

在浸出反应过程动力学研究中，首先通过动力学实验获得不同浸出温度下浸出率与浸出时间的关系，然后采用各种控制模型对实验获得的数据进行线性拟合，选择最合适的拟合模型，各拟合直线的斜率即为相应条件下的反应表观速率常数 k，反应表观速率常数 k 与绝对温度 T 的关系可用 Arrhenius 公式表示：

$$k = A \cdot \exp\left(-\frac{E}{RT}\right) \tag{4-5}$$

式中，k 为反应速率常数；A 为频率因子；E 为反应活化能，kJ/mol；R 为气体常数。

将式（4-5）两边取对数可得：

$$\ln k = \ln A - \frac{E}{RT} \tag{4-6}$$

以不同温度下的 $\ln k$ 对 $1/T$ 作图，可以得到 Arrhenius 图，图中直线的斜率为 $-E/R$，由此就可以计算得到浸出反应的表观活化能 E 的数值，从而判断浸出反应的控制步骤和提高浸出反应速率的方法；同时，由直线的截距 $\ln A$ 就可以计算得到频率因子 A 的数值。一般来说，当表观活化能小于约 10kJ/mol 时，浸出过程由扩散过程控制；当表观活化能大于 40kJ/mol 时，浸出过程由化学反应控制；当表观活化能介于 10~40kJ/mol 之间时，该浸出过程则为混合控制。

4.2.2 实验方法及步骤

含碲物料一段硫化钠浸出动力学研究实验装置与一段硫化钠浸出装置（见图 2-6）基本一致。在含碲物料一段硫化钠浸出优化实验条件的基础上，综合考虑浸出动力学前提条件（液相浸出剂浓度可视为不变），将动力学研究实验参数设置为：含碲物料为 15g、Na_2S 浓度为 40g/L、搅拌速度为 500r/min、液固比（硫化钠溶液体积与含碲物料质量之比，mL/g）为 100∶1。

实验过程为：首先称量 184.62g $Na_2S \cdot 9H_2O$，将其置于烧杯溶解，并定容为 1500mL，溶液现配现用。然后将 1500mL 溶液转移至 2000mL 的四口烧瓶，并将四口烧瓶放入恒温水浴锅加热，当温度计显示溶液中的温度达到设定温度时，向其中加入15g含碲物料，搅拌浸出，并开始计时。整个反应过程利用冷凝管回流，防止高温下溶液挥发损失。

采用10mL PP医用注射器取样，然后用0.45μm针筒式滤膜过滤器过滤，滤液置于10mL的离心管保存。采样时间分别为：20s、40s、1.0min、1.5min、2.0min、2.5min、3min、5min、10min、15min、20min、30min、45min和60min，每次大约取5mL样品。

滤液采用移液枪进行移取。移取1mL滤液置于50mL容量瓶中，再加入5mL 40g/L NaOH溶液，然后缓慢加入5mL过氧化氢氧化10min，再加入10mL盐酸（1∶1）酸化，然后再将容量瓶置于微沸水中加热，到容量瓶中液体不再冒气泡时，将其取出冷却，加蒸馏水定容、摇匀，采用ICP-OES检测其中Te、Sb离子浓度。然后根据式（2-1）计算Te和Sb的浸出率。

4.2.3 浸出动力学曲线

根据上述实验参数，在浸出温度分别为25℃、50℃、75℃和95℃时，进行了含碲物料一段硫化钠浸出过程动力学研究。考察了Te、Sb浸出率与浸出时间的关系，其结果如图4-8和图4-9所示。

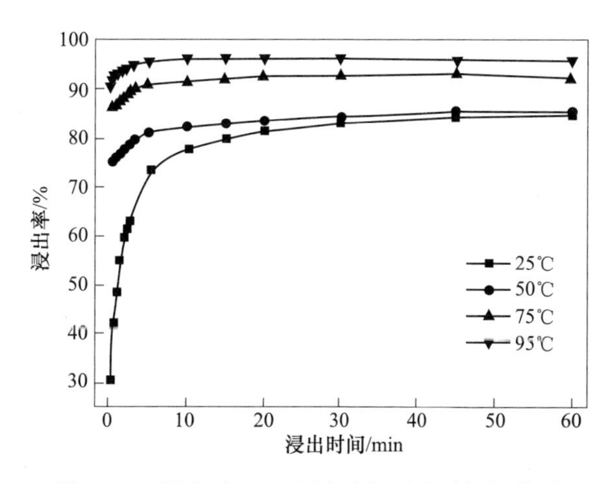

图4-8 不同温度下Te浸出率与浸出时间的关系

由图4-8可知，Te在Na_2S溶液中的浸出速率非常快，当浸出温度为25℃、浸出时间为20s时，Te的浸出率可达30.85%，这表明用Na_2S浸出含碲物料中的Te具有较好的动力学条件。另外，在相同的浸出时间，高温下Te的浸出率明显优于低温下Te的浸出率，升高浸出温度可以显著促进Te在Na_2S溶液中的溶解速度，提高Te的浸出率，且其促进作用在低温时表现尤为明显。同时，在同一反应温度，Te的浸出率随着反应时间的延长，首先快速升高，然后达到平衡。当浸出温度分别为25℃、50℃、75℃和95℃时，Te在Na_2S溶液中反应30min、

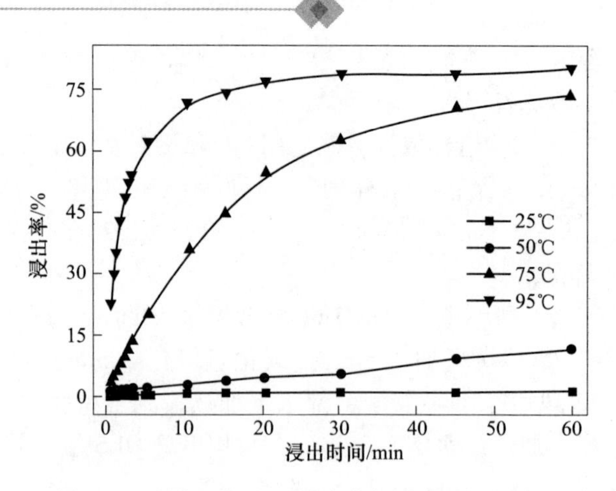

图 4-9 不同温度下 Sb 浸出率与浸出时间的关系

20min、10min 和 10min 即可达到平衡，平衡时 Te 的浸出率分别为 83%、84%、91%和 96%。

由图 4-9 可知，Sb 在 Na_2S 溶液中的浸出行为与 Te 的行为明显不同，其在 Na_2S 溶液中的溶解速率显著慢于 Te 的溶解速率，这表明用 Na_2S 浸出含碲物料中的 Sb 的动力学条件较弱。而且，浸出温度对 Sb 在 Na_2S 溶液中的溶解影响显著，在低温（25~50℃）时，Sb 的浸出效果很不理想，提高浸出温度能有效促进 Sb 在 Na_2S 溶液中的浸出。在浸出温度为 25℃和 50℃时，当浸出时间延长至 60min 时，Sb 的浸出率缓慢升高至 1%和 12%左右；而在浸出温度为 75℃和 95℃时，随着浸出时间的延长，Sb 的浸出率先快速升高，然后分别在 60min 和 30min 后达到平衡，平衡时其浸出率分别为 73%和 77%左右。

首先，基于收缩未反应核模型，研究含碲物料一段硫化钠浸出过程的动力学特征。一般而言，在湿法浸出过程中，搅拌十分充分时，反应物和液相浸出剂接触非常充分，可以不考虑外扩散控制。因此，将含碲物料一段硫化钠浸出过程 Te 和 Sb 在不同温度和时间的浸出率（见图 4-8 和图 4-9），利用化学反应控制模型和内扩散控制模型模拟。

当浸出温度分别为 25℃、50℃、75℃和 95℃时，将反应区间为 0~30min、0~20min、0~10min 和 0~10min 下 Te 的浸出率和浸出时间进行拟合，同时，将反应区间为 0~60min、0~60min、0~60min 和 0~30min 下 Sb 的浸出率和浸出时间进行拟合。不同温度下的 Te 浸出曲线和 Sb 浸出曲线拟合情况如图 4-10~图 4-13 所示。

由图 4-10 和图 4-11 可知，Te 在 Na_2S 溶液中的浸出率与化学反应控制拟合数据及内扩散控制拟合数据匹配不理想，其相关系数均小于 0.9，且均不过原点，因此，含碲物料一段硫化钠浸出过程中 Te 的浸出行为不符合收缩未反应核动力学模型。

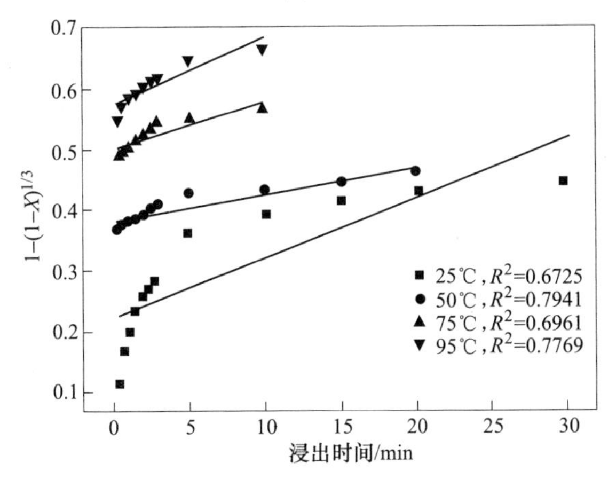

图 4-10 不同温度下 Te 的 $[1-(1-X)^{1/3}]$-t 拟合曲线图

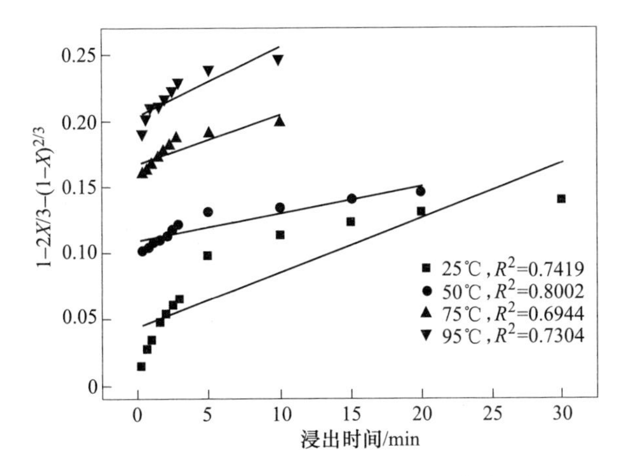

图 4-11 不同温度下 Te 的 $[1-2X/3-(1-X)^{2/3}]$-t 拟合曲线图

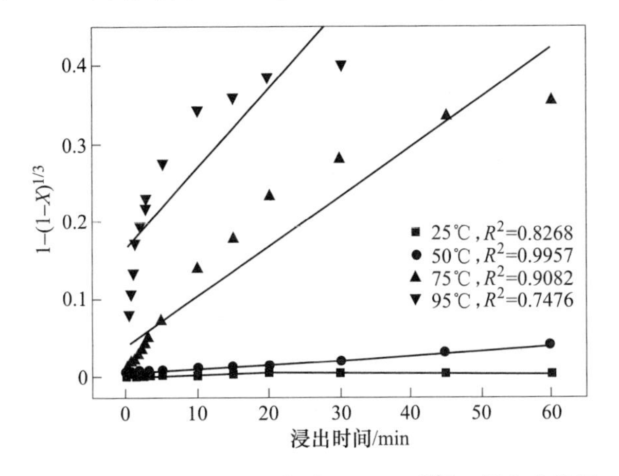

图 4-12 不同温度下 Sb 的 $[1-(1-X)^{1/3}]$-t 拟合曲线图

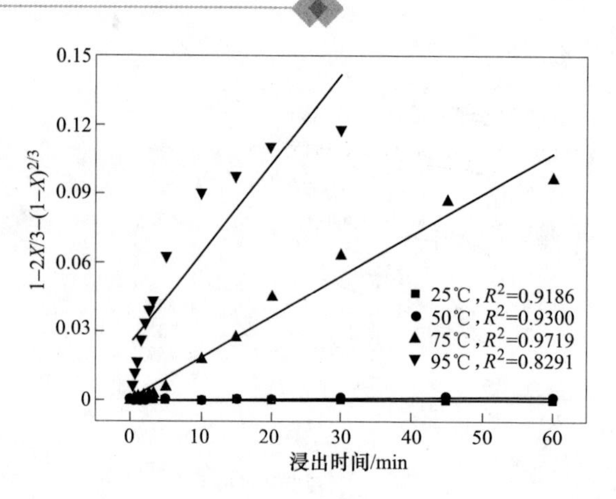

图 4-13 不同温度下 Sb 的 $[1-2X/3-(1-X)^{2/3}]$-t 拟合曲线图

由图 4-12 和图 4-13 可知，当浸出温度为 50℃和 75℃时，Sb 在 Na_2S 溶液中的浸出率与化学反应控制拟合数据及内扩散控制拟合数据匹配较好，其相关系数分别为 0.9957 和 0.9082。但是其在浸出温度为 25℃和 95℃时的浸出率，与这两种动力学模型拟合数据匹配较差，相关系数均小于 0.9。因此，含碲物料一段硫化钠浸出过程 Sb 的浸出行为也不符合收缩未反应核动力学模型。

由于含碲物料一段硫化钠浸出过程 Te 和 Sb 的浸出行为用收缩未反应核核动力学模型拟合结果不理想，因此，需要根据 Te 和 Sb 在 Na_2S 溶液中浸出行为的特点：Te 在 Na_2S 溶液中的浸出速率很快，当浸出温度为 25℃、浸出时间为 20s 时，Te 的浸出率可达 30.85%；在浸出温度为 75℃和 95℃时，Sb 的浸出率增长也十分快速，采用其他动力学模型进行研究其浸出动力学特征。

Avrami 动力学模型是由 Avrami 在研究晶体成核和生长提出的结晶动力学模型[190]。该动力学模型被广泛应用于研究初始反应速率较快的液固两相反应动力学特征[191~193]。其方程式见式（4-7）。

$$-\ln(1-X)=kt^{n} \tag{4-7}$$

式中，X 为固相的转化率；k 为表观反应速率常数；t 为反应时间；n 为 Avrami 指数，仅与固体晶粒的几何形状和本征性质有关，不随反应条件而变。当 $n<1$ 时，对应初始表观反应速率极大，但是随着反应时间的延长，表观反应速率不断减小的浸出体系[193]。

对式（4-7）两边同时取自然对数，可以得到：

$$\ln[-\ln(1-X)]=\ln k+n\ln t \tag{4-8}$$

因此，采用 Avrami 动力学模型来研究含碲物料一段硫化钠浸出过程的动力学特征。将含碲物料一段硫化钠浸出过程 Te 和 Sb 在不同温度和时间的浸出率（见图 4-8 和图 4-9）代入 $\ln[-\ln(1-X)]$ 中，并将其与 $\ln t$ 的关系进行拟合，其拟合结果分别如图 4-14 和图 4-15 所示。

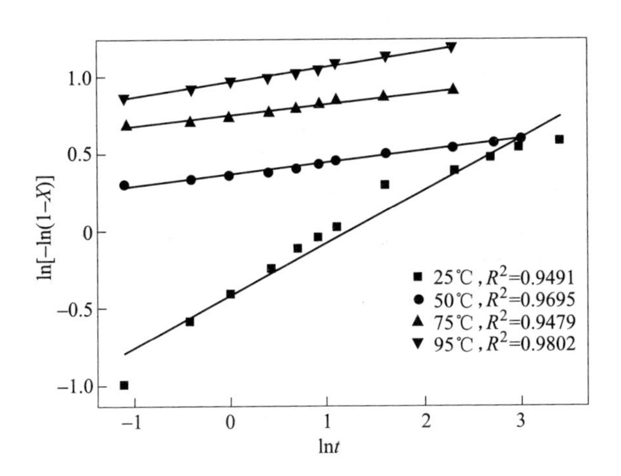

图 4-14 不同温度下 Te 的 ln[−ln(1−X)] 与 ln$t$ 的关系

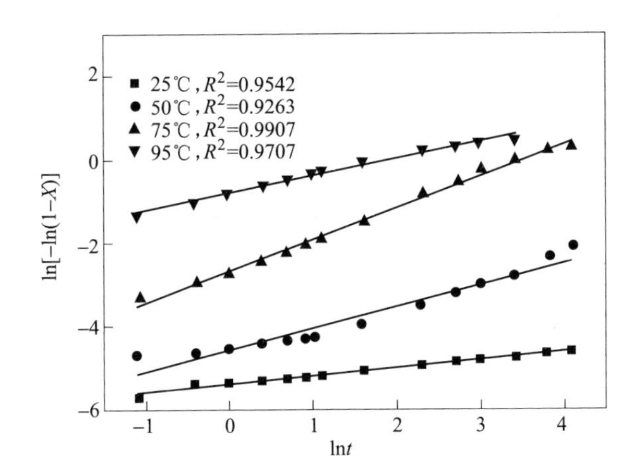

图 4-15 不同温度下 Sb 的 ln[−ln(1−X)]与 ln$t$ 的关系

由图 4-14 和图 4-15 可知：Te 和 Sb 在 Na_2S 溶液中的浸出率与 Avrami 动力学模型的拟合数据都匹配良好，各温度下 Te 浸出率所拟合直线的相关系数均在 0.9479 以上，Sb 的浸出率所拟合直线的相关系数均在 0.9263 以上。

因此，含碲物料一段硫化钠浸出过程中 Te 和 Sb 的浸出行为符合 Avrami 动力学模型。

在 25~95℃下，Te 和 Sb 的 ln[−ln(1−X)]与 ln$t$ 关系分别见表 4-3 和表 4-4。

表 4-3 25~95℃温度范围内 Te 的 ln[−ln(1−X)] 与 ln$t$ 关系

温度/℃	回归方程	相关系数（R^2）
25	$\ln[-\ln(1-X)] = -0.42098+0.33988\ln t$	0.9491

续表 4-3

温度/℃	回归方程	相关系数（R^2）
50	$\ln[-\ln(1-X)] = 0.3659+0.07708\ln t$	0.9595
75	$\ln[-\ln(1-X)] = 0.74699+0.07142\ln t$	0.9479
95	$\ln[-\ln(1-X)] = 0.96462+0.09799\ln t$	0.9802

表 4-4　25~95℃温度范围内 Sb 的 $\ln[-\ln(1-X)]$ 与 $\ln t$ 关系

温度/℃	回　归　方　程	相关系数（R^2）
25	$\ln[-\ln(1-X)] = -5.39552+0.19333\ln t$	0.9542
50	$\ln[-\ln(1-X)] = -4.56718+0.52009\ln t$	0.9262
75	$\ln[-\ln(1-X)] = -2.66856+0.75642\ln t$	0.9907
95	$\ln[-\ln(1-X)] = -0.79608+0.41131\ln t$	0.9707

4.2.4　表观活化能和控制步骤

由式（4-8）可知，Te 和 Sb 的 $\ln[-\ln(1-X)]$ 与 $\ln t$ 的拟合直线在纵坐标的截距是 $\ln k$。因此，将图 4-14 和图 4-15 中拟合直线在纵坐标的截距与 $1/T$ 的关系作图，其分别如图 4-16 和图 4-17 所示。由式（4-6）可知，通过图 4-16 和图 4-17 所拟合直线的斜率，可以算出含碲物料一段硫化钠过程 Te 和 Sb 浸出反应的表观活化能。

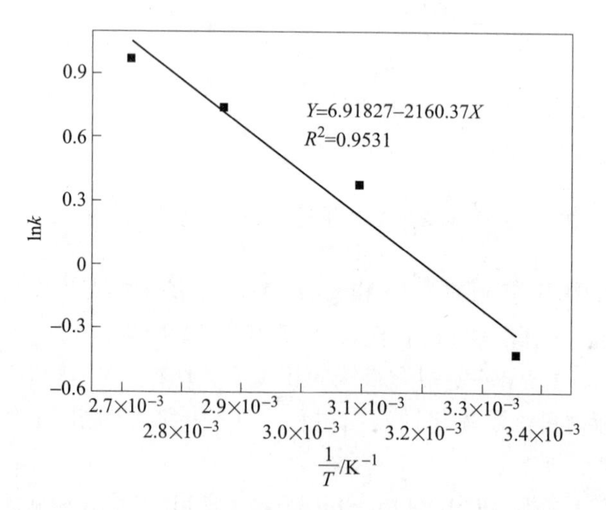

图 4-16　一段硫化钠浸出过程 Te 的 $\ln k$ 与 $1/T$ 的关系

由图 4-16 和图 4-17 可知，其拟合直线回归方程式分别为：$Y=6.91827-2160.37X$、$Y=18.16184-7147.5X$。根据回归方程，可计算出含碲物料一段硫化

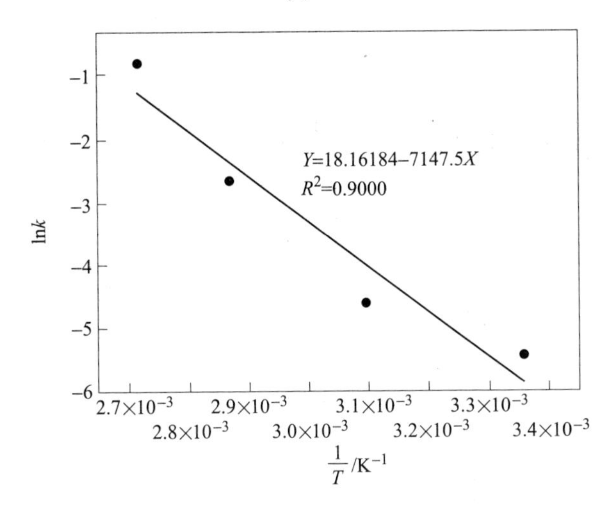

图 4-17 一段硫化钠浸出过程 Sb 的 ln$k$ 与 1/T 的关系

钠过程 Te 和 Sb 浸出反应的表观活化能 E_{Te} 和 E_{Sb} 分别为 17.96kJ/mol、59.42kJ/mol。因此，含碲物料一段硫化钠浸出过程 Te 的反应为混合控制，由化学反应和固膜内扩散共同控制，且该固膜为含碲物料中未反应的 $NaSb(OH)_6$ 和浸出反应产物 PbS、Bi_2S_3、FeS、ZnS；锑的反应为化学反应控制。

活化能大小可反映所进行的化学反应过程对温度的依赖性，一般来说，活化能越大，温度对反应过程的影响越大，随着温度的变化，反应速率和实验结果的改变量越大，而活化能较小的反应过程，随着温度的变化，反应速率和实验结果的改变量越小。由于 Sb 浸出反应的活化能大于 Te 浸出反应的活化能，Sb 浸出反应对温度的依赖程度显著大于 Te，所以通过控制浸出温度，可实现含碲物料中碲和锑的梯级分离，明确了一段硫化钠浸出选择性分离含碲物料中碲的机理。

同时，根据式（4-6）以及图 4-16 和图 4-17 中拟合直线在纵坐标上的截距，可计算出频率因子 A_{Te}、A_{Sb} 分别为 1010.57、77194595.03。因此，含碲物料一段硫化钠浸出过程中 Te 和 Sb 的浸出反应速率常数 k_{Te}、k_{Sb} 与 T 的函数关系式为：

$$k_{Te} = 1.01 \times 10^3 \times \exp(-2.160 \times 10^3/T) \tag{4-9}$$

$$k_{Sb} = 7.72 \times 10^7 \times \exp(-7.148 \times 10^3/T) \tag{4-10}$$

5 含碲物料二段硫化钠浸出研究

本章采用二段硫化钠浸出高效提取一段硫化钠浸出渣中的 Te 和 Sb，在第 3 章含碲物料浸出热力学分析和第 4 章含碲物料一段硫化钠浸出的基础上，考察二段硫化钠浸出过程 Na_2S 浓度、浸出温度、NaOH 浓度、液固比和浸出时间等因素对浸出过程 Te 和 Sb 浸出率的影响，对浸出过程进行优化实验研究，确定适宜的浸出条件，通过工艺优化和控制实现 Te 和 Sb 的高效提取。

在二段硫化钠浸出单因素实验的基础上，通过探索浸出温度及时间对二段硫化钠浸出过程中 Te 和 Sb 浸出率的影响，分析浸出过程的动力学特征，确定 Te 和 Sb 浸出反应的控制步骤，推导出 Te 和 Sb 的浸出动力学方程，获得强化 Te 和 Sb 的有效措施，并促进其在工程上的应用。

5.1 二段硫化钠浸出工艺研究

在含碲物料一段硫化钠浸出优化实验条件下（Na_2S 浓度为 40g/L、浸出温度为 50℃、浸出时间为 60min、液固比（mL/g）为 8∶1、搅拌速度 300r/min），制备了约 5kg 二段硫化钠浸出原料。

每次实验取 125g 含碲物料，Na_2S 溶液体积为 1000mL，反应器为 2000mL 的四口烧瓶，浸出反应结束后趁热过滤，所得浸出渣置于鼓风干燥箱烘干，烘箱温度设置为 105℃，时间为 12h。将其破碎至粒度小于 74μm，最后使其充分混合，对其进行化学成分分析，其主要化学组成见表 5-1。

表 5-1 二段硫化钠浸出原料的主要化学组成

元素	Sb	Pb	Na	Bi	Fe	Si	Te	Zn	Al
质量分数/%	24. 08	12. 64	8. 06	6. 04	3. 34	2. 12	2. 80	1. 91	1. 51

由第 4 章中含碲物料一段硫化钠浸出过程元素浸出行为可知，含碲物料中的 Pb、Bi、Fe、Zn 等都由其氧化物转化为 PbS、Bi_2S_3、FeS 和 ZnS 等进入了浸出渣，PbS、Bi_2S_3、FeS 和 ZnS 在水溶液中几乎不溶，在 25℃ 时其溶度积分别为 2.29×10^{-27}、1.56×10^{-20}、6.3×10^{-18}、2.34×10^{-24}。在二段硫化钠浸出过程中，通过控制浸出剂 Na_2S 浓度和反应温度，可使 $NaSb(OH)_6$ 和 Na_2TeO_4 等难溶于水的物相能转化成 Na_3SbS_4 和 Na_2TeS_4 而进入浸出液中；而 PbS、Bi_2S_3、FeS 和 ZnS

等不参与反应而富集于浸出渣中。因此，采用二段硫化钠浸出，能实现一段硫化钠浸出渣中 Te 和 Sb 的高效提取，而使 Pb、Bi、Fe、Zn 等其他金属进一步富集在浸出渣中。

5.1.1 硫化钠浓度对浸出率的影响

在一段硫化钠浸出渣为 20g、浸出温度为 80℃、NaOH 浓度为 30g/L、液固比（mL/g）为 10∶1 和浸出时间为 60min 的条件下，考察了 Na_2S 浓度分别为 50g/L、60g/L、80g/L、100g/L、120g/L、150g/L、200g/L、250g/L 和 300g/L 时对 Te 和 Sb 浸出率的影响，其实验结果如图 5-1 所示。

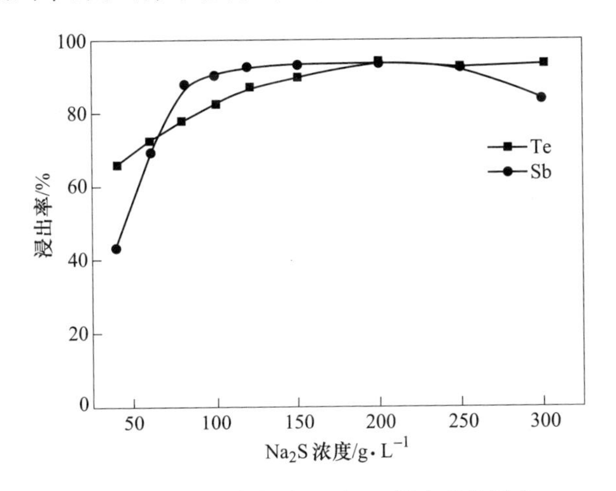

图 5-1 Na_2S 浓度对 Te 和 Sb 浸出率的影响

由图 5-1 可知，Na_2S 浓度对 Te 的浸出率影响显著。随着 Na_2S 浓度的增加，Te 的浸出率逐渐升高，然后趋于平衡。当 Na_2S 浓度由 40g/L 增加至 200g/L 时，Te 的浸出率由 65.90%升高至 94.54%，然后基本保持平衡；而 Sb 的浸出率随 Na_2S 浓度变化规律不同于 Te，当 Na_2S 浓度由 40g/L 增加至 120g/L 时，Sb 的浸出率由 42.80%升高至 92.83%，然后基本保持平衡，但是当 Na_2S 浓度超过 200g/L 时，Sb 的浸出率开始下降，其原因是随着 Na_2S 的浓度提高，空气中的 O_2 及 CO_2 使溶液被氧化和碳酸化程度增加[193~195]，其反应见式（5-1）~式（5-4）。

$$2Na_2S + 3O_2 = 2Na_2SO_3 \tag{5-1}$$

$$2Na_2S + H_2O + CO_2 = 2NaHS + Na_2CO_3 \tag{5-2}$$

NaHS 进一步氧化，生成 Na_2S_2 和 $Na_2S_2O_3$：

$$12NaHS + 3O_2 = 6H_2O + 6Na_2S_2 \tag{5-3}$$

$$2Na_2S_2 + 3O_2 = 2Na_2S_2O_3 \tag{5-4}$$

氧化生成的 $Na_2S_2O_3$ 和 Na_2SO_3 使 $NaSb(OH)_6$ 在 Na_2S 溶液中的溶解度下降，从而导致 Sb 浸出率降低。

另外，在第 4 章中含碲物料一段硫化钠浸出过程有小部分 Te 未能浸出到溶液中，之前猜测可能的原因是被未反应的 $NaSb(OH)_6$ 或者反应生成的 PbS、FeS 和 ZnS 等包裹而导致，在二段硫化钠浸出过程中，随着 Sb 高效浸出到溶液中，一段硫化钠浸出过程未能分离的 Te 也浸出到溶液中，这说明该部分 Te 确实是被 $NaSb(OH)_6$ 所包裹。

Pb、Bi、Fe 和 Zn 等元素的浸出率在考察的 Na_2S 浓度范围内几乎为零，富集于浸出渣中。综合考虑，选择 200g/L 为合适的 Na_2S 浓度。

5.1.2 浸出温度对浸出率的影响

在一段硫化钠浸出渣为 20g、Na_2S 浓度为 200g/L、NaOH 浓度为 30g/L、液固比（mL/g）为 10∶1、浸出时间为 60min 的条件下，考察了浸出温度分别为 30℃、45℃、60℃、80℃、90℃和 95℃时对 Te 和 Sb 浸出率的影响，实验结果如图 5-2 所示。

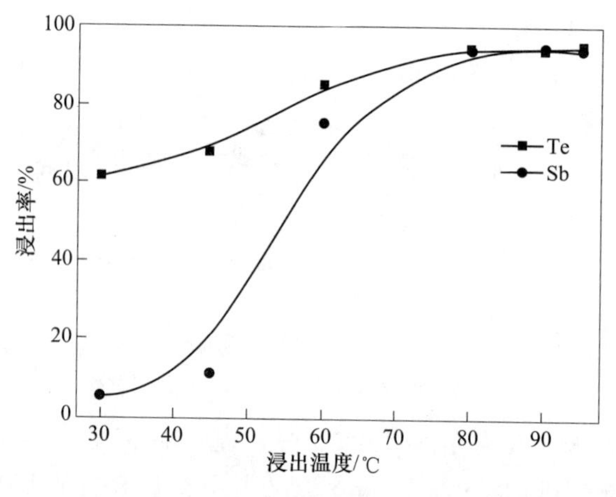

图 5-2 浸出温度对 Te 和 Sb 浸出率的影响

由图 5-2 可知，随着浸出温度升高，Te 的浸出率逐渐增大，然后趋于平缓。当浸出温度由 30℃升高至 80℃时，Te 的浸出率由 61.52%增大至 94.54%，然后趋于稳定；另外，随着浸出温度的升高，Sb 的浸出率急剧增大，然后趋于平衡。当浸出温度由 30℃升高至 80℃时，Sb 的浸出率由 5.00%增大至 93.99%，然后基本保持不变。浸出温度对 Te 和 Sb 的浸出率影响显著，尤其是对 Sb 的浸出具有极大地促进作用，这是因为浸出温度的升高，溶液中分子的化学活性增强，溶液中的传质传热速度加快，促进了 $NaSb(OH)_6$ 和 Na_2TeO_4 分子化学键断裂进程，加速 $NaSb(OH)_6$ 和 Na_2TeO_4 的溶解电离[196,197]；另外，反应产物 Na_3SbS_4 在水溶液体系的溶解度随着温度的升高而增大[187, 198]。因此，随着浸出温度的升高，$NaSb(OH)_6$ 溶解反应平衡向正方向移动，Sb 浸出率快速增加。在 80℃之后，$NaSb(OH)_6$ 和 Na_2TeO_4 的溶解反应趋于平衡，Sb 浸出率趋于稳定。另外，Pb、Bi、Fe 和 Zn 等元素在考察的浸出温度范围内几乎不浸出，富集于浸出渣中。为确保较高的 Te 和 Sb 的浸出率和较低的能耗，浸出温度选择 80℃比较合适。

5.1.3 NaOH 浓度对浸出率的影响

Na_2S 在水溶液中容易水解生成 NaOH、NaHS 和 H_2S，因此在浸出体系中加入一定量的 NaOH 可有效抑制 Na_2S 的水解，因此，选择合适的 NaOH 浓度对 Te 和 Sb 的浸出具有一定的意义。

在一段硫化钠浸出渣为 20g、Na_2S 浓度为 200g/L、浸出温度为 80℃、液固比（mL/g）为 10∶1、浸出时间为 60min 的条件下，考察了 NaOH 浓度分别为 0g/L、10g/L、20g/L、30g/L、40g/L 和 50g/L 时对 Te 和 Sb 浸出率的影响，实验结果如图 5-3 所示。

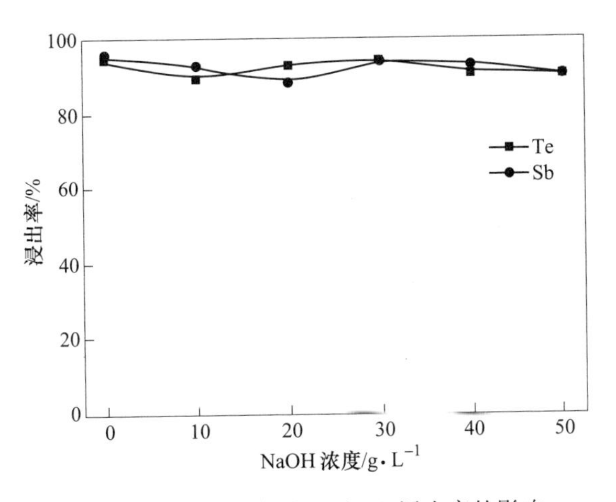

图 5-3 NaOH 浓度对 Te 和 Sb 浸出率的影响

由图 5-3 可以看出，NaOH 浓度对二段硫化钠 Te 和 Sb 的浸出率影响较小，随着 NaOH 浓度的增加，Te 和 Sb 的浸出率在 90%左右上下小幅波动。由式（3-34）和式（3-50）可知：Na_2TeO_4 和 Na_2S 反应生成 Na_2TeS_4 和 NaOH，$NaSb(OH)_6$ 和 Na_2S 反应生成 Na_3SbS_4 和 NaOH，随着二段硫化钠浸出反应的进行，反应生成的 NaOH 量越来越多，这部分生成的 NaOH 抑制了 Na_2S 的水解，因此，额外再向反应体系中加入 NaOH 对 Te 和 Sb 的浸出率影响较小。而且，NaOH 浓度对 Pb、Bi、Fe 和 Zn 等元素的浸出率也没有影响，其浸出率几乎为零，富集于浸出渣中。因此，在后续的实验研究中，选择不添加 NaOH。

5.1.4 液固比对浸出率的影响

在 Na_2S 浓度为 200g/L、浸出温度为 80℃、浸出时间为 60min、浸出液体积为 200mL 的条件下，考察了液固比（mL/g）分别为 5∶1、6∶1、7∶1、8∶1、9∶1 和 10∶1 时对 Te 和 Sb 浸出率的影响，实验结果如图 5-4 所示。

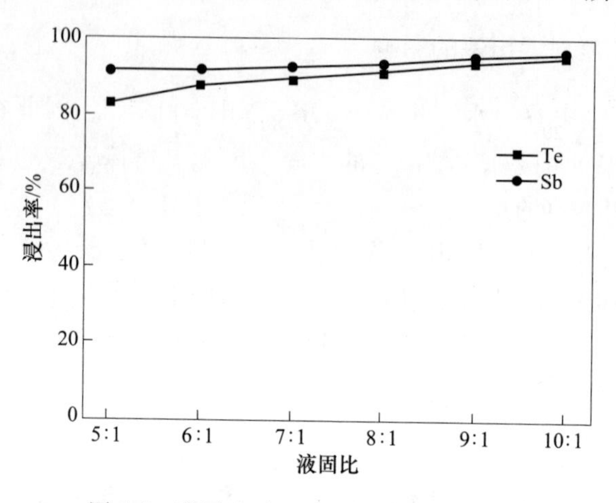

图 5-4 液固比对 Te 和 Sb 浸出率的影响

由图 5-4 可知，液固比对二段硫化钠浸出过程中 Te 和 Sb 的浸出率有一定的影响。随着液固比的增加，Te 的浸出率逐渐增大。当液固比由 5∶1 增加至 10∶1 时，Te 的浸出率由 82.36%增大至 94.92%，Sb 的浸出率由 90.71%增大至 95.70%。这是因为液固比的增加，液相 Na_2S 和一段硫化钠浸出渣充分接触，液固两相的传质加快[172, 174, 199]，进而促进 Te 和 Sb 的浸出。但是，过高的液固比将导致生产能力的降低和废水量的增加。另外，Pb、Bi、Fe 和 Zn 等金属的浸出率在考察的液固比范围内几乎为零，富集于浸出渣中。综合考虑生产成本和 Te、Sb 浸出率，选择 10∶1 为合适的液固比。

5.1.5 浸出时间对浸出率的影响

在一段硫化钠浸出渣为 20g、Na_2S 浓度为 200g/L、浸出温度为 80℃、液固比（mL/g）为 10∶1 的条件下，考察了浸出时间分别为 5min、15min、30min、45min、60min 和 120min 时对 Te 和 Sb 浸出率的影响，实验结果如图 5-5 所示。

由图 5-5 可知，Te 和 Sb 在 Na_2S 溶液中的浸出速度较快，在浸出时间为 5min 时，Te 和 Sb 的浸出率都分别达到了 74.91%和 55.36%。随着浸出时间的延长，Te 的浸出率逐渐增大，然后趋于平衡。当浸出时间由 5min 延长至 60min 时，Te 的浸出率由 74.91%增大 94.92%；随着浸出时间的延长，Sb 的浸出率逐渐上升，

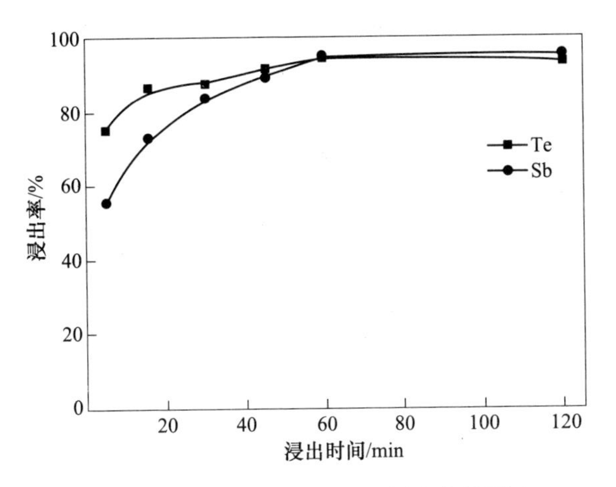

图 5-5 浸出时间对 Te 和 Sb 浸出率的影响

然后慢慢趋于平衡。当浸出时间由 5min 延长至 60min 时，Sb 的浸出率由 55.36% 增大至 95.70%。随着反应时间继续延长，浸出液中浸出剂 Na_2S 浓度逐渐变小，Na_2TeO_4、$NaSb(OH)_6$ 与 Na_2S 反应的正向移动的推动力也被削弱，因此，浸出反应速率越来越慢，直到达到浸出平衡。另外，Pb、Bi、Fe 和 Zn 等元素的浸出率基本不浸出，几乎全部富集于浸出渣中。因此，选择 60min 为适宜的反应时间。

5.1.6 综合实验

由上述系列单因素实验结果确定了二段硫化钠浸出的优化工艺条件为：一段硫化钠浸出渣为 20g、Na_2S 浓度为 200g/L、浸出温度为 80℃、液固比（mL/g）为 10∶1、浸出时间为 60min。在此优化条件下，进行了综合实验。表 5-2 和表 5-3 分别列出了二段硫化钠浸出综合实验中各元素的浸出率和浸出渣的化学组成，图 5-6 所示为浸出渣的 XRD 图谱。

表 5-2 二段硫化钠浸出综合实验中 Te 和 Sb 的浸出率 （%）

元素	1 号	2 号	3 号	平均值
Te	94.69	95.21	94.83	94.91
Sb	95.11	95.23	95.02	95.12

表 5-3 二段硫化钠浸出综合实验浸出渣化学组成

元素	Pb	S	Bi	Na	Fe	Zn	Si	Al	Sb	Te
质量分数/%	27.20	13.73	12.71	7.39	6.65	3.80	2.75	1.63	1.48	0.68

由表 5-2 和表 5-3 可知，在优化工艺条件下，Te 的浸出率达 94.91%，Sb 的浸出率达 95.12%，Te 和 Sb 基本全部浸出到溶液中，经过二段硫化钠浸出，Te 的含量由 2.80%降为 0.68%，Sb 的含量由 24.98%降为 1.48%。而 Pb、Bi、Fe 和 Zn 等元素全部进入浸出渣中，与含碲物料中各元素成分相比，浸出渣中 Pb、Bi、Fe 和 Zn 等有价金属得到进一步的富集。

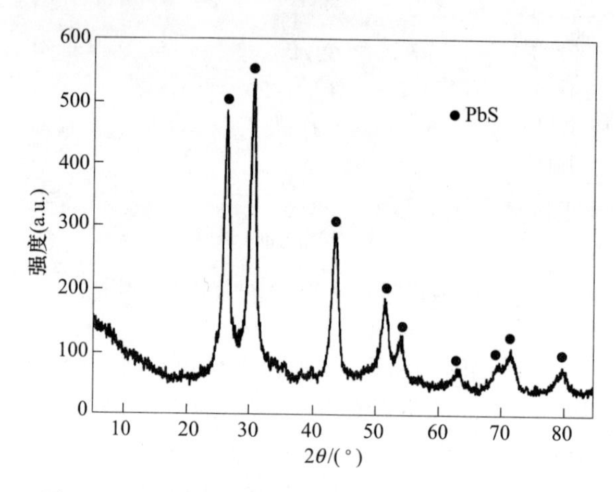

图 5-6 二段硫化钠浸出综合实验浸出渣 XRD 图谱

由图 5-6 可知，二段硫化钠浸出渣 XRD 图谱与 PbS 标准衍射峰图谱匹配良好。将二段硫化钠浸出渣 XRD 图谱与对比一段硫化钠浸出渣 XRD 图谱（见图 4-5）进行对比，可以发现 Pb 的物相（PbS）的衍射峰没有发生改变，但 Sb 的物相（$NaSb(OH)_6$）的衍射峰消失。这表明在二段硫化钠浸出过程，一段硫化钠浸出渣中的 Sb 被浸出进入溶液中，而 Pb 不参与反应。

综合含碲物料一段硫化钠浸出结果，含碲物料经过两段硫化钠浸出，Te 总的浸出率达 97.46%，Sb 的浸出率达 95.12%，而 Pb、Bi、Fe 和 Zn 等元素全部富集与浸出渣中，实现了含碲物料中 Te 和 Sb 的高效分离提取。二段硫化钠浸出渣中主要成分为 Pb 和 Bi，可以返回铅系统进行还原熔炼，以生产 Pb-Bi 合金。

5.2 二段硫化钠浸出响应曲面研究

从二段硫化钠浸出单因素条件实验研究结果可知，Na_2S 浓度、浸出温度、浸出时间等三因素对 Te 和 Sb 的浸出效果影响显著，且映射关系比较复杂，因此，采用响应曲面法对该过程进行优化实验设计，考察三因素间的交互作用程度，确定二段硫化钠浸出的优化工艺参数和区域。

5.2.1 响应曲面法介绍及原理

响应曲面法（response surface methodology，RSM）是一种实验设计和数据分

析处理技术，根据已知实验数据，利用计算机软件处理，寻求考察对象（响应）与影响因素（自变量）之间的近似函数关系，绘制响应曲面，从理论上确定未知条件或极端条件下的响应，以确定最优的反应条件或区域[200,201]。随着计算机技术的发展，响应曲面法广泛应用于化工、冶金和材料等领域的实验设计和工艺优化过程中[202,203]。

简单地说，响应曲面法是根据已知实验数据，利用计算机软件处理，寻求考察对象（响应）与影响因素（自变量）之间的近似函数关系，绘制响应曲面，从理论上确定未知条件或极端条件下的响应，以确定最优反应条件或区域。在大多数 RSM 问题中，响应和自变量之间的关系形势是未知的。RSM 的第一个步骤是寻求响应 Y 与自变量集合之间真实函数关系的一个合适的逼近式。通常可以在自变量某一个区域内的一个低阶多项式来逼近。若响应适合用自变量的线性函数建模，则近似函数是一阶模型（见式（5-5））；若系统有弯曲，则必须采用更高阶的多项式，如二阶模型（见式（5-6））。

$$Y=\beta_0+\beta_1X_1+\beta_2X_2+\cdots+\beta_kX_k+\varepsilon \tag{5-5}$$

$$Y=\beta_0+\sum_{i=1}^{k}\beta_iX_i+\sum_{i=1}^{k}\beta_{ii}X_i^2+\sum_{i=j}^{k-1}\sum_{j=i+1}^{k}\beta_{ij}X_iX_j+\varepsilon \tag{5-6}$$

式中，Y 为响应；$X_1\sim X_k$为自变量，k 为自变量个数；$\beta_1\sim\beta_k$为相关系数；ε 为随机误差。

拟合响应曲面的设计称为响应曲面设计，最常用的设计方法是拟合二阶模型的中心复合设计（central composite design，CCD），可利用较少的实验点获得与全因素实验相近的结论，并可揭示因素间的交互影响及相对显著性顺序[204,205]。一般而言，CCD 由 2^k 个析因设计点（即立方体点）、$2k$ 个坐标轴点和 1 个中心点组成，图 5-7 所示为 $k=3$ 个因子的 CCD 示意图。

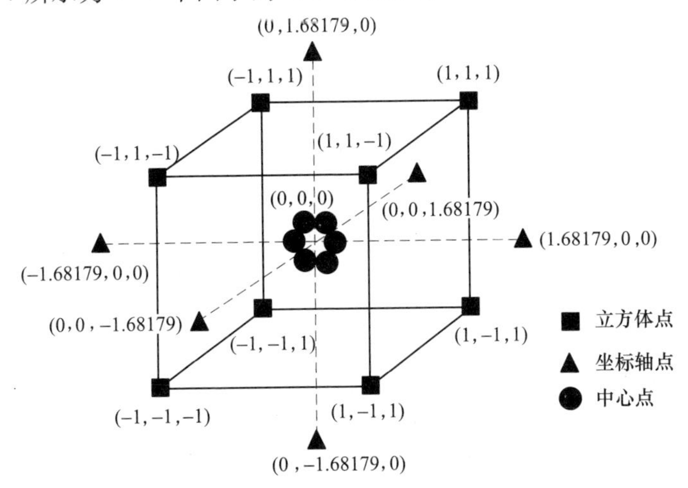

图 5-7 $k=3$ 的 CCD 示意图

实验设计可以通过 CCD 实现，响应数据则通过实验获得，响应 Y 与自变量之间的函数关系以及响应曲面的绘制采用计算机软件处理实现。Design-Expert® 和 Minitab® 是应用最广泛的两种实验设计软件[206,207]，其中 Design-Expert® 侧重于实验设计，具有构建和评估设计的能力，可以对模型进行深入的分析，Minitab® 有良好的数据分析能力和相当好的处理固定因子及随机因子的能力。本节中以 Design-Expert® 8. 0. 6 Trial 设计、分析功能为主，同时搭配 Minitab® 15 软件重叠预测功能，来实现响应曲面的实验设计、数据处理及图形绘制。

5. 2. 2　实验设计及数据处理

以 Te 和 Sb 的浸出率为响应值（Y_{Te}、Y_{Sb}），采用 CCD 响应设计法对影响二段硫化钠浸出过程的三个因素——Na_2S 浓度、浸出温度、浸出时间进行实验设计和分析。实验因素水平设计安排见表 5-4，所有实验中含碲物料一段硫化钠浸出渣为 20g、液固比（mL/g）为 8∶1。根据实验设计进行了 20 个不同浸出条件下的二段硫化钠浸出实验，获得 Te 和 Sb 实际浸出率列于表 5-5。

表 5-4　二段硫化钠浸出过程 CCD 因素水平表

考察因素	符号	水　平				
		$\alpha=-1.682$	-1	0	+1	$\alpha=+1.682$
Na_2S 浓度/$g \cdot L^{-1}$	X_1	40. 9	75	125	175	209. 1
浸出温度/℃	X_2	26	40	60	80	94
浸出时间/min	X_3	6. 3	20	40	60	73. 6

表 5-5　二段硫化钠浸出过程 CCD 实验方案及结果

实验编号	X_1	X_2	X_3	实验浸出率/%		预测浸出率/%	
				Sb	Te	Sb	Te
1	75	40	20	41. 79	69. 88	-5. 66	50. 00
2	175	40	20	4. 63	61. 41	7. 03	51. 84
3	75	80	20	4. 15	54. 45	46. 88	69. 61
4	175	80	20	99. 48	95. 71	79. 06	83. 68
5	75	60	60	99. 85	92. 94	3. 63	57. 10
6	175	60	60	40. 82	68. 26	23. 16	63. 58
7	75	80	60	42. 2	70. 57	66. 28	76. 88
8	175	80	60	5. 79	55. 61	105. 30	95. 59
9	40. 9	60	40	2. 08	57. 54	17. 51	60. 99
10	209. 1	60	40	1. 05	48. 8	60. 99	78. 27
11	125	26	40	69. 97	73. 65	-5. 61	48. 72
12	125	94	40	41. 68	69. 72	107. 65	92. 13

续表 5-5

实验编号	X_1	X_2	X_3	实验浸出率/%		预测浸出率/%	
				Sb	Te	Sb	Te
13	125	60	6.3	0.96	49.26	17.08	15.7
14	125	60	73.6	60.42	71.93	46.95	17.2
15	125	60	40	72.73	78.73	41.63	22.4
16	125	60	40	57.1	76.79	41.63	22.4
17	125	60	40	81.41	82.61	41.63	22.4
18	125	60	40	42.04	70.11	41.63	22.4
19	125	60	40	41.46	69.36	41.63	22.4
20	125	60	40	10.42	60.64	41.63	22.4

对表 5-5 中实验数据采用 Design Expert® 8.0.6 Trial 进行统计软件分析，采用二阶模型进行模拟，所得 Te、Sb 浸出率（Y）与 Na_2S 浓度（X_1）、浸出温度（X_2）、浸出时间（X_3）间的拟合关系见式（5-7）和式（5-8）。

$$Y_{Te} = 34.33828 - 0.12534X_1 + 0.17923X_2 + 0.36307X_3 + 3.05625 \times 10^{-3}X_1X_2 + 1.16125 \times 10^{-3}X_1X_3 + 1.09375 \times 10^{-4}X_2X_3 - 6.97587 \times 10^{-6}X_1^2 + 6.63508 \times 10^{-4}X_2^2 - 3.46423 \times 10^{-3}X_3^2 \tag{5-7}$$

$$Y_{Sb} = -38.21013 - 0.017814X_1 - 0.17393X_2 + 0.53128X_3 + 4.87125 \times 10^{-3}X_1X_2 + 1.70875 \times 10^{-3}X_1X_3 + 6.32187 \times 10^{-3}X_2X_3 - 3.36977 \times 10^{-4}X_1^2 + 8.29720 \times 10^{-3}X_2^2 - 8.50100 \times 10^{-3}X_3^2 \tag{5-8}$$

式中，X_1、X_2、X_3 采用实际数值（Uncoded）表示。

将 CCD 实验中 Na_2S 浓度、浸出温度、浸出时间等因素条件的数值分别代入 Te、Sb 浸出率为响应值的二阶回归方程，即代入式（5-7）和式（5-8）中，即可得到相应浸出实验条件下 Te、Sb 的预测浸出率，计算结果列在表 5-5 中。

将表 5-5 中 Te 和 Sb 的浸出率的预测值与实验值进行线性拟合，可得图 5-8 和图 5-9 所示的对比情况。

由图 5-8 和图 5-9 可知，Te 和 Sb 浸出率的预测值与实验值拟合所得直线斜率为 45°左右，截距基本为零，各数据点在直线两侧随机分布。图中，R^2 是回归平方和占总离差平方和的比率，用于衡量回归方程解释观测数据变异的能力，其数值越接近于 1 代表模型拟合度越高，如图 5-8 中，预测 Te 浸出率与实测 Te 浸出率间线性拟合 R^2 为 98.35%，说明模型（5-7）适用于设计范围内 98.35%的 Te 浸出实验点，同样道理，图 5-9 中 R^2 为 94.68%，说明模型（5-8）适用于设计范围内 94.68%的 Sb 浸出实验点。

采用 F 检验（方差齐性检验）对式（5-7）和式（5-8）的显著性水平进行检测，响应曲面的方差分析数据见表 5-6 和表 5-7。选择置信系数 95%为标准对

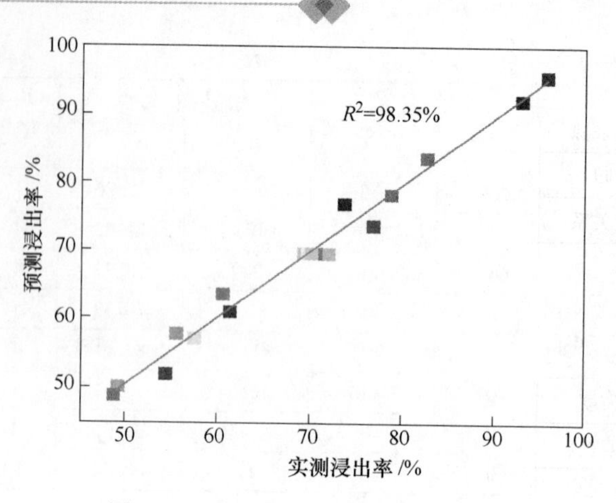

图 5-8 Te 实测浸出率与预测浸出率

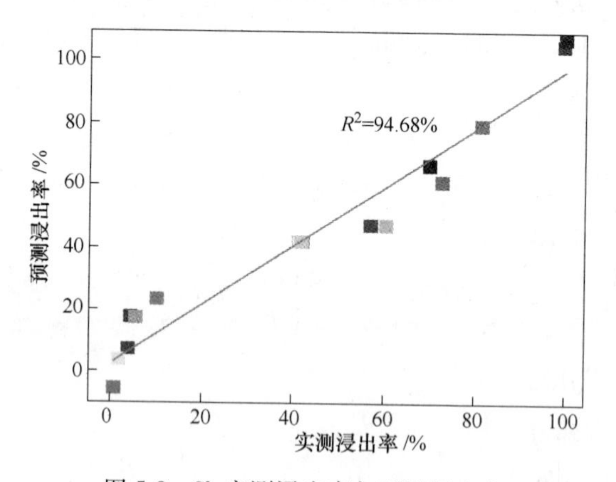

图 5-9 Sb 实测浸出率与预测浸出率

表 5-6 二段硫化钠浸出过程中心复合设计二阶方程系数及 *P* 值

项	Y_{Te}			Y_{Sb}		
	系数值	系数标准偏差	P	系数值	系数标准偏差	P
β_0	69. 6754	0. 9234	< 0. 0001	41. 6324	4. 2648	< 0. 0001
β_1	5. 1372	0. 6127	< 0. 0001	12. 9283	2. 8296	0. 0010
β_2	12. 9052	0. 6127	< 0. 0001	33. 6704	2. 8296	< 0. 0001
β_3	4. 7530	0. 6127	< 0. 0001	8. 8822	2. 8296	0. 011
β_{12}	3. 0563	0. 8005	0. 003	4. 8713	3. 6970	0. 217
β_{13}	1. 1613	0. 8005	0. 178	1. 7088	3. 6970	0. 654
β_{23}	0. 0438	0. 8005	0. 958	2. 5288	3. 6970	0. 510
β_{11}	−0. 0174	0. 5964	0. 977	−0. 8424	2. 7545	0. 766
β_{22}	0. 2654	0. 5964	0. 666	3. 3189	2. 7545	0. 256
β_{33}	−1. 3857	0. 5964	0. 043	−3. 4004	2. 7545	0. 245

表 5-7 二段硫化钠浸出过程中心复合设计方差分析表

响应	方差来源	自由度	平方和	均方	*F* 值	*P* 值
Y_{Te}	回归	9	3059.07	339.897	66.3	0
	线性关系	3	2943.41	981.135	191.39	0
	平方关系	3	30.14	10.046	1.96	0.184
	交互关系	3	85.53	28.51	5.56	0.017
	残余偏差	10	51.26	5.126		
	缺失度	5	48.13	9.626	15.37	0.005
	净偏差	5	3.13	0.626		
	总和	19	3110.34			
Y_{Sb}	回归	9	19478.6	2164.28	19.79	0
	线性关系	3	18842.7	6280.91	57.44	0
	平方关系	3	371.5	123.82	1.13	0.382
	交互关系	3	264.3	88.12	0.81	0.519
	残余偏差	10	1093.5	109.35		
	缺失度	5	1092.3	218.45	911.16	0
	净偏差	5	1.2	0.24		
	总和	19	20572			

本模型进行评判，即方差分析中 P 值小于 0.05，说明该项目对模型具有显著影响，小于 0.01，说明影响特别显著[208]。

表 5-6 列出了二段硫化钠浸出过程中心复合设计二阶方程系数及 P 值，其中系数 β_n 为二阶方程中 X_1、X_2、X_3 用代码（Coded）表示时的系数。表 5-6 表明，在 Y_{Te} 对应的二阶方程中，β_0、β_1、β_2、β_3、β_{12}、β_{33} 是显著的，Y_{Sb} 对应的二阶方程中，β_0、β_1、β_2、β_3 是显著的。

表 5-7 列出了二段硫化钠浸出过程中心复合设计方差分析结果。从表中可以看出，对于响应 Y_{Te}，其回归模型中的线性关系系数和交互关系系数达到显著性水平，而相互关系系数是不显著的。对于响应 Y_{Sb}，其回归模型中的线性关系系数达到显著性水平，而平方关系系数相互关系系数是不显著的。

为更加直观地表示各因素之间的交互影响，根据式（5-7）和式（5-8）所表示的二阶模型，应用 Design-Expert® 8.0.6 Trial 软件分别绘制 Te 和 Sb 的浸出率与 Na_2S 浓度、浸出温度、浸出时间的三维响应曲面图及对应的等值线图，各图中均选用中等水平的第三变量，结果如图 5-10 和图 5-11 所示。

由图 5-10 和图 5-11 可知，Te 和 Sb 的浸出率随着 Na_2S 浓度、浸出温度和浸出时间的增加而升高，三因素之间线性关系显著，但交互关系比较不显著。同

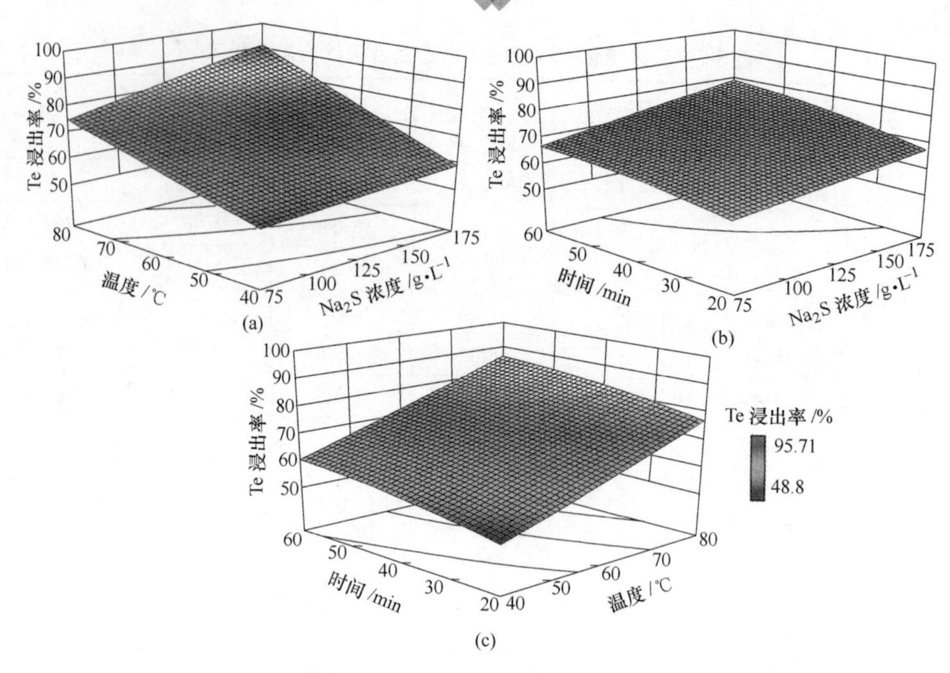

图 5-10　Te 浸出效果响应曲面图

（a）Na_2S 浓度和浸出温度；（b）Na_2S 浓度和浸出时间；（c）浸出温度和浸出时间

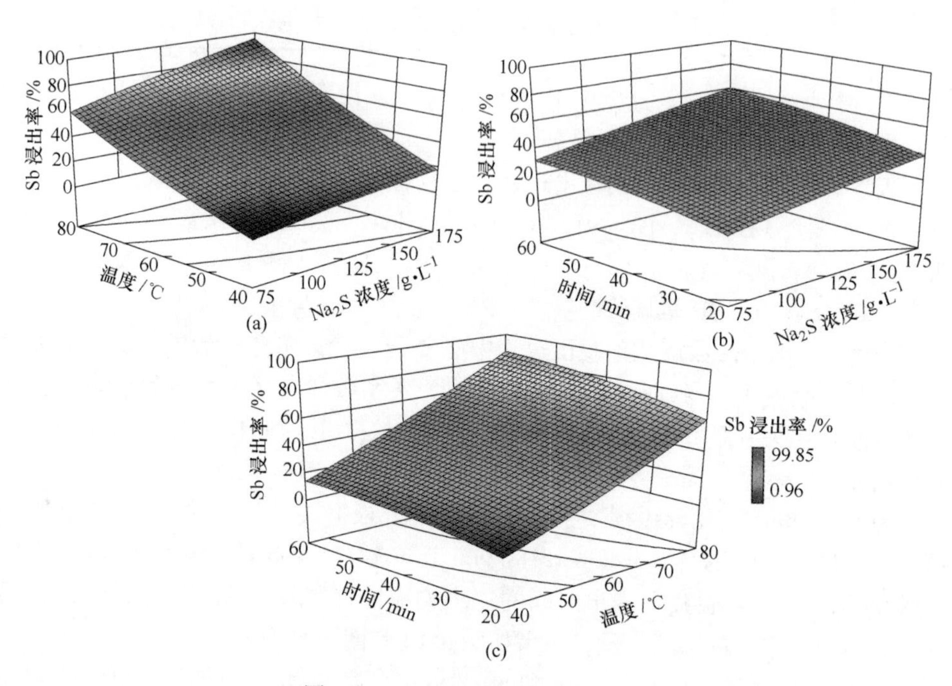

图 5-11　Sb 浸出效果响应曲面图

（a）Na_2S 浓度和浸出温度；（b）Na_2S 浓度和浸出时间；（c）浸出温度和浸出时间

时，也可看出三因素对 Te 和 Sb 浸出率的影响程度：浸出温度>Na_2S 浓度>浸出时间。

根据 Te 和 Sb 模型的建立，得到了单一元素浸出的优化区域，而为了实现一段硫化钠浸出渣中 Te 和 Sb 的综合回收，需得到 Te 和 Sb 均可达到较高浸出率的区域。利用 Minitab® 15 软件的重叠等值线功能，重叠其中 Te 和 Sb 浸出率高于 90%的区域，如图 5-12 所示，图中白色区域即为目标区域。

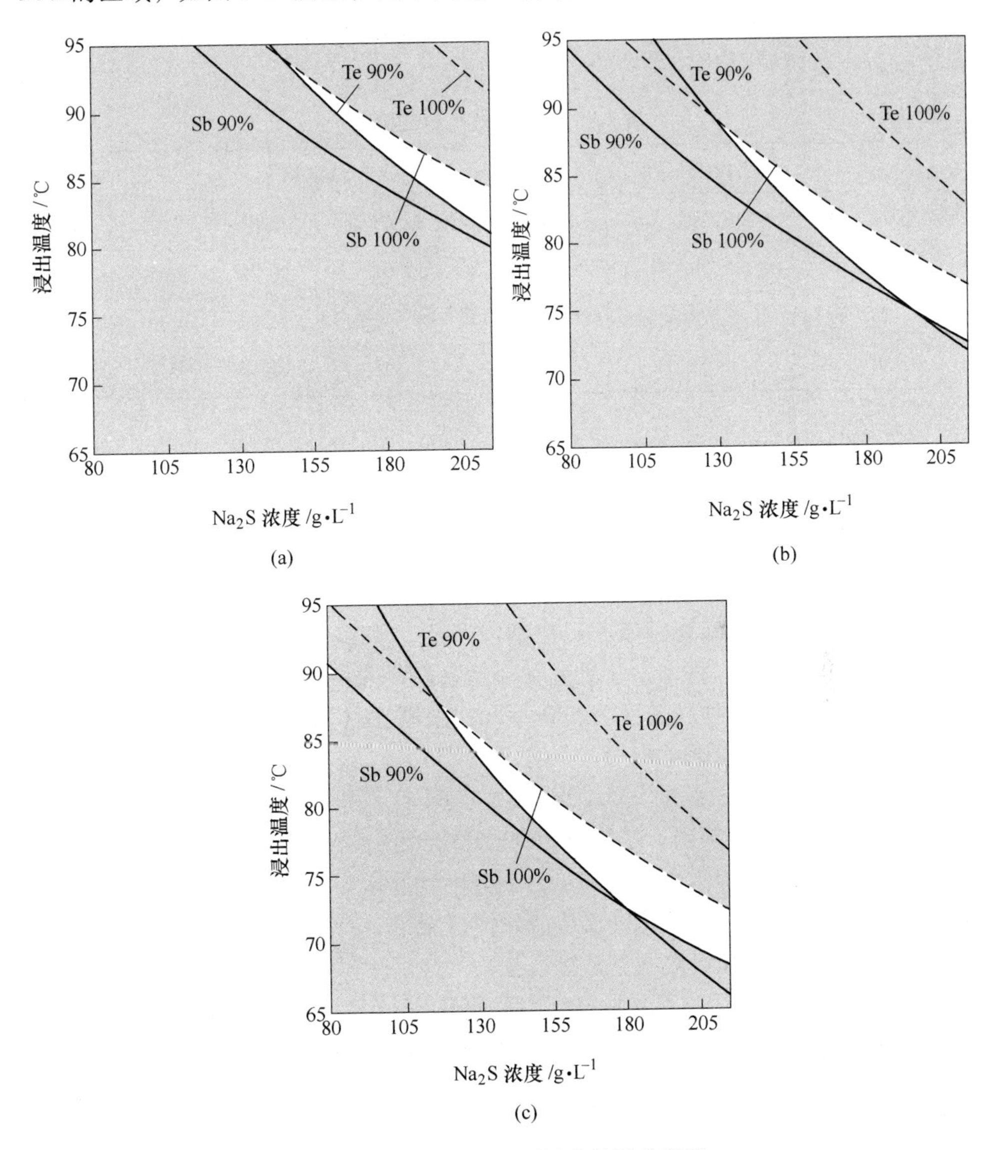

图 5-12 Te 和 Sb 预测浸出效果重叠图

（a）浸出时间 20min；（b）浸出时间 40min；（c）浸出时间 60min

5.2.3 优化区域的验证

根据图 5-12 所示的等值线叠加图，在优化目标区域内选取任意实验点开展验证实验，用于考察二阶拟合模型（式（5-7）、式（5-8））对 Te 和 Sb 浸出效果拟合的合适性和准确性，结果见表 5-8。从表 5-8 中可知，浸出率与理论预测值吻合较好，各实验点获得的 Te 和 Sb 浸出率均满足 $Y_{Te}>90\%$、$Y_{Sb}>90\%$的目标要求，说明采用响应曲面法对二段硫化钠浸出高效分离一段硫化钠浸出渣中 Te 和 Sb 的过程进行优化是比较成功的。

表 5-8 优化区域内验证实验

实验条件			Te 浸出率/%		Sb 浸出率/%	
Na_2S 浓度/$g \cdot L^{-1}$	浸出温度/℃	浸出时间/min	预测	实验	预测	实验
170	90	20	91.12	90.72	99.52	98.21
195	78	40	92.51	93.88	97.21	96.24
180	75	60	92.33	94.38	95.23	97.25

5.3 二段硫化钠浸出动力学研究

5.3.1 实验方法及步骤

含碲物料二段硫化钠浸出动力学研究实验装置与二段硫化钠浸出装置（见图 2-6）基本一致。在含碲物料二段硫化钠浸出优化实验条件的基础上，综合考虑浸出动力学前提条件，将动力学研究实验参数设置为：一段硫化钠浸出渣为 15g、Na_2S 浓度为 200g/L、搅拌速度为 500r/min、液固比（Na_2S 溶液体积与含碲物料质量之比，mL/g）为 100：1。

实验过程为：首先称量 923.08g $Na_2S \cdot 9H_2O$，将其置于烧杯溶解，并定容为 1500mL，溶液现配现用。然后将 1500mL 溶液转移至 2000mL 的四口烧瓶，其次将四口烧瓶中放入恒温水浴锅加热，当温度计显示溶液中的温度达到设定温度时，向其中加入 15g 一段硫化钠浸出渣，搅拌浸出，并开始计时。整个反应过程利用冷凝管回流，防止高温下溶液挥发损失。

采用 10mL PP 医用注射器取样，然后用 0.45μm 针筒式滤膜过滤器过滤，滤液置于 10mL 的离心管保存。采样时间分别为：20s、40s、1.0min、1.5min、2.0min、2.5min、3min、5min、10min、15min、20min、30min、45min 和 60min，每次大约取 5mL 样品。

滤液采用移液枪移取。移取 1mL 滤液置于 50mL 容量瓶中，再加入 5mL 40g/L NaOH 溶液，然后缓慢加入 5mL H_2O_2 氧化 10min，再加入 10mL 盐酸（1：1）

酸化，然后再将容量瓶置于微沸水中加热，到容量瓶中液体不在冒气泡时，将其取出冷却，加蒸馏水定容、摇匀，采用 ICP-OES 检测其中 Te、Sb 离子浓度。然后根据式（2-1）计算 Te 和 Sb 的浸出率。

5.3.2 浸出动力学曲线

根据上述实验参数，在浸出温度分别为 25℃、50℃、75℃和 95℃时，进行了含碲物料二段硫化钠浸出过程动力学研究。考察了 Te、Sb 浸出率与浸出时间的关系，其结果如图 5-13 和图 5-14 所示。

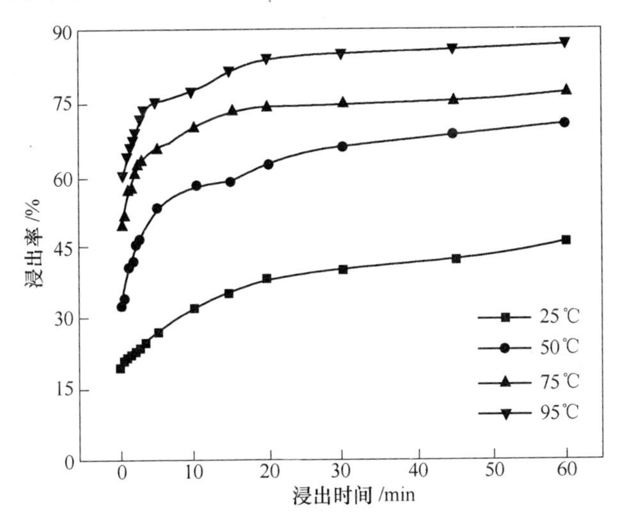

图 5-13 不同温度下 Te 浸出率与浸出时间的关系

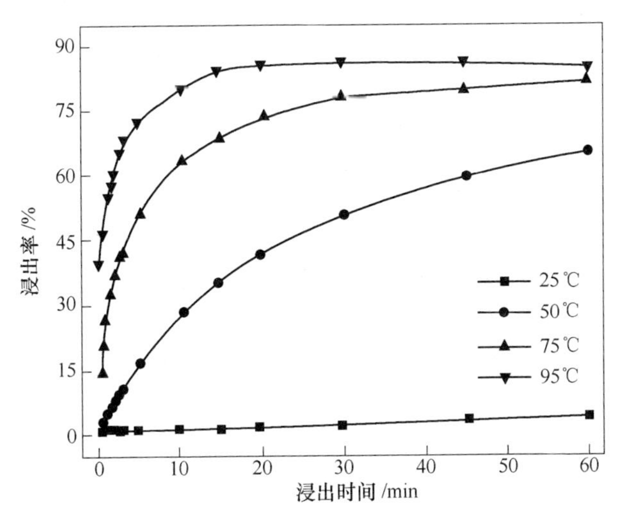

图 5-14 不同温度下 Sb 浸出率与浸出时间的关系

由图 5-13 可知，Te 在 Na_2S 溶液中的浸出速率快，当浸出温度为 25℃、浸出时间为 20s 时，Te 的浸出率达 19.17%，这表明用 Na_2S 溶解一段硫化钠浸出渣中的 Te 具有较好的动力学条件。另外，在相同的浸出时间，高温下 Te 的浸出率明显优于低温下 Te 的浸出率，升高浸出温度可以有效促进 Te 在 Na_2S 溶液中浸出。同时，在同一反应温度，Te 的浸出率随着反应时间的延长，首先快速升高，然后达到平衡。当浸出温度分别为 25℃、50℃、75℃和 95℃时，Te 在 Na_2S 溶液中反应 60min、60min、20min 和 20min 即可达到平衡，平衡时 Te 的浸出率分别为 45%、71%、74%和 85%左右。

由图 5-14 可知，浸出温度对 Sb 在 Na_2S 溶液中的溶解影响显著，在 25℃时，Sb 的浸出效果很不理想，提高浸出温度能有效促进 Sb 的 Na_2S 溶液中的浸出。在浸出温度为 25℃时，当浸出时间延长至 60min 时，Sb 的浸出率也仅为 3%，而在浸出温度为 50℃、75℃和 95℃时，随着浸出时间的延长，Sb 的浸出率先快速升高，然后达到平衡。当浸出温度分别为 50℃、75℃和 95℃时，Sb 在 Na_2S 溶液中反应 60min、60min 和 15min 后达到平衡，平衡时 Sb 的浸出率分别为 60%、80%和 85%左右。

首先，基于收缩未反应核模型，研究含碲物料二段硫化钠浸出过程的动力学特征。将含碲物料二段硫化钠浸出过程 Te 和 Sb 在不同温度和时间的浸出率（见图 5-13 和图 5-14），利用化学反应控制模型和内扩散控制模型模拟。

当浸出温度分别为 25℃、50℃、75℃和 95℃时，将反应区间为 0~60min、0~60min、0~20min 和 0~20min 下 Te 的浸出率和浸出时间进行拟合，同时，将反应区间为 0~60min、0~60min、0~60min 和 0~15min 下 Sb 的浸出率和浸出时间进行拟合。不同温度下的 Te 浸出曲线和 Sb 浸出曲线拟合情况如图 5-15~图 5-18 所示。

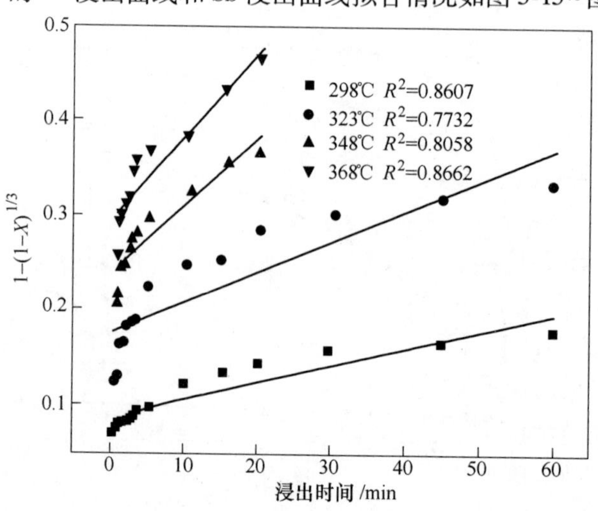

图 5-15　不同温度下 Te 的 $[1-(1-X)^{1/3}]$-t 拟合曲线图

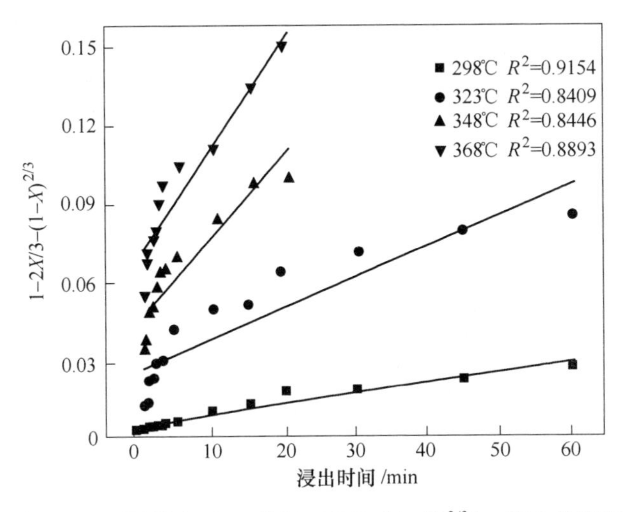

图 5-16 不同温度下 Te 的$[1-2X/3-(1-X)^{2/3}]$-t 拟合曲线图

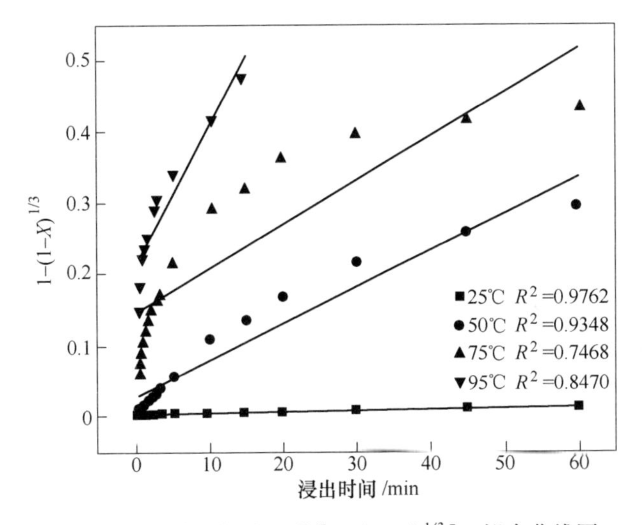

图 5-17 不同温度下 Sb 的$[1-(1-X)^{1/3}]$-t 拟合曲线图

由图 5-15～图 5-18 可知，Te 和 Sb 在 Na_2S 溶液中的浸出率与化学反应控制拟合数据及内扩散控制拟合数据匹配不理想，线性拟合结果较差，其相关系数均基本小于 0.9。因此，含碲物料二段硫化钠浸出过程中 Te 和 Sb 的浸出行为不符合收缩未反应核动力学模型。

因此，采用 Avrami 动力学模型研究含碲物料二段硫化钠浸出过程的动力学特征。将含碲物料二段硫化钠浸出过程 Te 和 Sb 在不同温度和时间的浸出率（见图 5-13 和图 5-14）代入 $\ln[-\ln(1-X)]$中，并将其与 $\ln t$ 的关系进行拟合，其拟合结果分别如图 5-19 和图 5-20 所示。

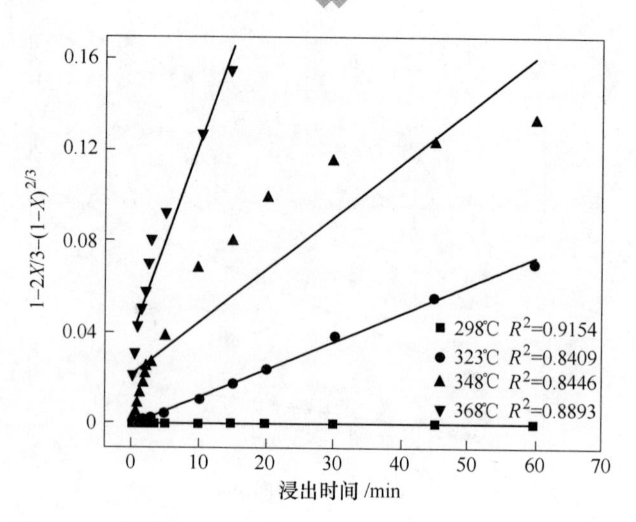

图 5-18 不同温度下 Sb 的 $[1-2X/3-(1-X)^{2/3}]$-t 拟合曲线图

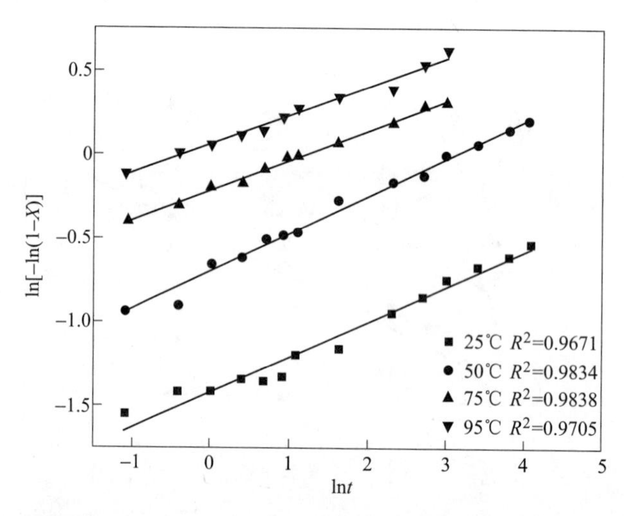

图 5-19 不同温度下 Te 的 $\ln[-\ln(1-X)]$ 与 $\ln t$ 的关系

由图 5-19 可知，不同浸出温度下 Te 的浸出率与浸出时间之间的拟合直线的相关系数在 0. 9671～0. 9838 之间，各拟合直线的线性相关性很显著，Te 的浸出率数据很好地满足线性回归关系。

由图 5-20 可知，不同浸出温度下 Sb 的浸出率与浸出时间之间的拟合直线的相关系数在 0. 9625～0. 9932 之间，各拟合直线的线性相关性很显著，Sb 的浸出率数据很好地满足线性回归关系。

在 25～95℃温度范围 Te 和 Sb 的 $\ln[-\ln(1-X)]$ 与 $\ln t$ 关系式分别见表 5-9 和表 5-10。

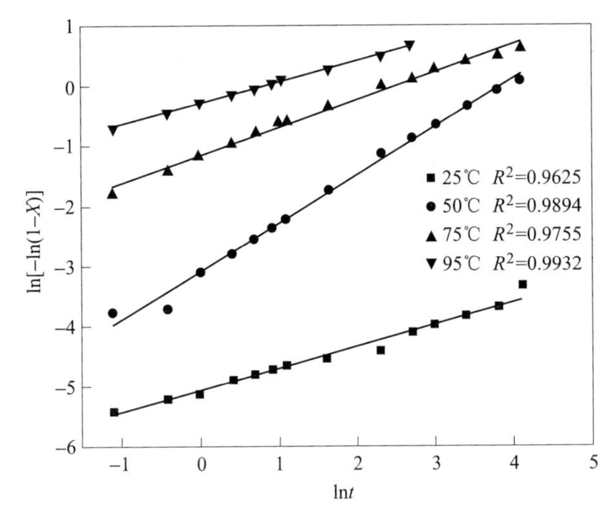

图 5-20 不同温度下 Sb 的 ln[-ln(1-X)]与 lnt 的关系

表 5-9 25~95℃温度范围内 Te 的 ln[-ln(1-X)]与 lnt 关系

温度/℃	回归方程	相关系数（R^2）
25	$\ln[-\ln(1-X)]=-0.3830+0.4728\ln t$	0.9625
50	$\ln[-\ln(1-X)]=0.0554+0.4465\ln t$	0.9894
75	$\ln[-\ln(1-X)]=0.3868+0.4457\ln t$	0.9755
95	$\ln[-\ln(1-X)]=0.7378+0.4995\ln t$	0.9932

表 5-10 25~95℃温度范围内 Sb 的 ln[-ln(1-X)]与 lnt 关系

温度/℃	回归方程	相关系数（R^2）
25	$\ln[-\ln(1-X)]=-1.41892+0.21036\ln t$	0.9671
50	$\ln[-\ln(1-X)]=-0.69573+0.22448\ln t$	0.9834
75	$\ln[-\ln(1-X)]=-0.21427+0.17857\ln t$	0.9838
95	$\ln[-\ln(1-X)]=-0.06344+0.17267\ln t$	0.9705

5.3.3 表观活化能和控制步骤

由式（4-8）可知，Te 和 Sb 的 $\ln[-\ln(1-X)]$与 $\ln t$ 的拟合直线在纵坐标的截距是 $\ln k$。因此，将图 5-19 和图 5-20 中拟合直线在纵坐标的截距与 $1/T$ 的关系作图，其分别如图 5-21 和图 5-22 所示。由式（4-6）可知，通过图 5-21 和图 5-22 中所拟合直线的斜率，可以算出含碲物料二段硫化钠过程 Te 和 Sb 浸出反应的表观活化能。由图 5-21 和图 5-22 可知：其拟合直线回归方程式分别为 $Y=6.44366-2328.4X$、$Y=20.59824-7640.44X$。因此，含碲物料二段硫化钠过程 Te 和 Sb 浸出反应的表观活化能 E_{Te}和 E_{Sb}分别为 19.40kJ/mol、63.50kJ/mol。

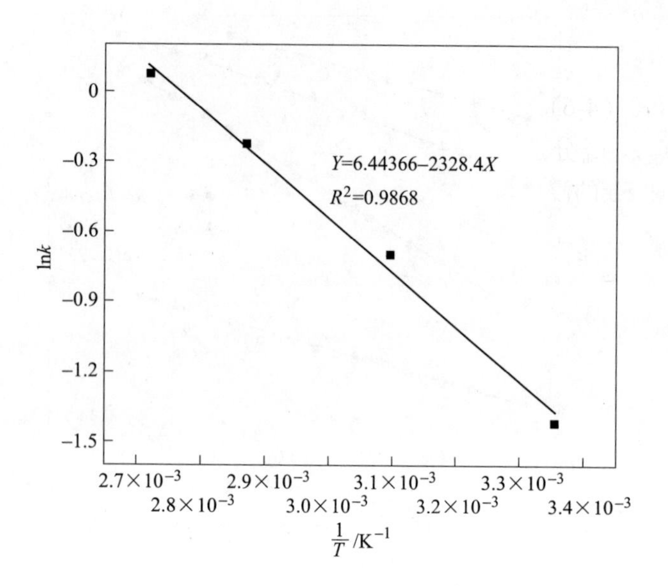

图 5-21 二段硫化钠浸出过程 Te 的 ln$k$ 与 1/T 的关系

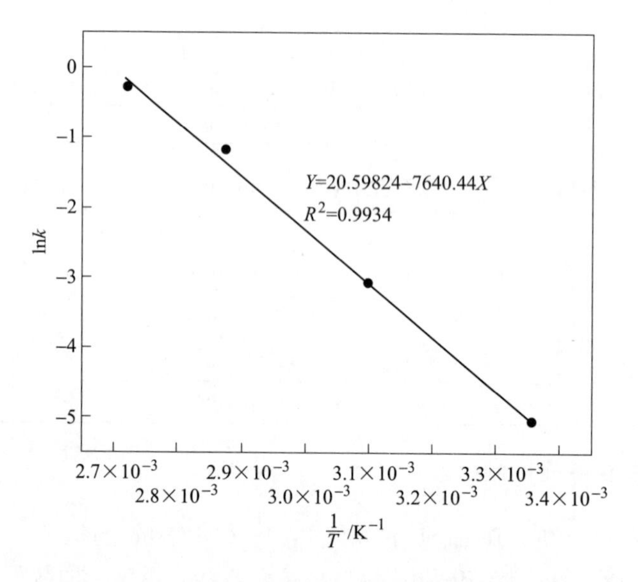

图 5-22 二段硫化钠浸出过程 Sb 的 ln$k$ 与 1/T 的关系

由 Te 和 Sb 浸出反应的表观活化能 E_{Te}和 E_{Sb}可知：含碲物料二段硫化钠浸出过程，Te 的反应为混合控制，由化学反应和固膜内扩散共同控制，且该固膜为一段硫化钠浸出渣中未反应的硫化铅、硫化铋、硫化亚铁、硫化锌；Sb 的反应为化学反应控制。因此，可通过减小一段硫化钠浸出渣的粒度、增加浸出剂

Na_2S 的浓度和升高反应温度等方式来强化二段硫化钠浸出过程中 Te 和 Sb 的浸出率。

另外，由式（4-6）以及图 5-21 和图 5-22 中拟合直线在坐标上的截距，能算出频率因子 A_{Te}、A_{Sb}分别为 628.70、882474102。因此，含碲物料二段硫化钠浸出过程中 Te 和 Sb 的浸出反应速率常数 k_{Te}、k_{Sb}与 T 的函数关系为：

$$k_{Te} = 6.28 \times 10^2 \times \exp(-2.328 \times 10^3/T) \tag{5-9}$$

$$k_{Sb} = 8.82 \times 10^8 \times \exp(-7.640 \times 10^3/T) \tag{5-10}$$

6 浸出液中有价金属的分离提取

通过一段硫化钠浸出，含碲物料中大部分的Te选择性地进入一段硫化钠浸出液；经过二段硫化钠浸出，一段硫化钠浸出渣中的Te和Sb都高效浸出而进入二段硫化钠浸出液中，如何高效分离提取浸出液中的Te和Sb具有一定的意义。

在对一段、二段硫化钠浸出液中Te和Sb赋存状态理论分析的基础上，本章设计了Na_2SO_3还原沉淀工艺分离提取一段硫化钠浸出液中Te，以及H_2O_2氧化沉淀、Na_2S-Na_2SO_3还原沉淀工艺从二段硫化钠浸出液中分步提取Sb和Te，本章对工艺进行系统研究，考察各提取步骤中沉淀剂过量系数、反应温度以及反应时间等因素对Te和Sb分离提取效果的影响，确定优化工艺条件。并深入研究Na_2SO_3还原沉淀Te的机理及历程，探索沉Te、Sb后溶液的循环利用途径。

6.1 一段硫化钠浸出液中有价金属的分离提取

按4.1节含碲物料一段硫化钠浸出的优化工艺条件进行浸出，将所得到的浸出液混合、搅拌均匀，作为本节实验原料，其化学成分见表6-1。

表6-1 一段硫化钠浸出液的化学组成

成分	Te	Sb	Se	Cu	Bi	Fe	Pb	pH值
浓度	12.47g/L	0.30g/L	0.36g/L	44.4mg/L	10.95mg/L	8.15mg/L	5.23mg/L	13.3

由表6-1可知，该浸出液中主要成分为Te，其主要以TeS_3^{2-}、TeS_4^{2-}的形式存在，除了Te之外还含有微量的Sb、Se、Cu、Bi、Fe、Pb等杂质元素；浸出液的pH值为13.3，为强碱性溶液。

6.1.1 亚硫酸钠还原沉淀的工艺研究

6.1.1.1 亚硫酸钠过量系数对沉淀率的影响

在一段硫化钠浸出液为200mL、反应温度为60℃、反应时间为60min的条件下，考察了Na_2SO_3过量系数（按照式（3-44）和式（3-45）进行计算）分别为1.0、1.5、2.0、2.5和3.0时对Te沉淀率及溶液中Te浓度的影响，其实验结果如图6-1所示。

由图6-1可知，随着Na_2SO_3过量系数的增大，Te的还原率逐渐升高，然后趋

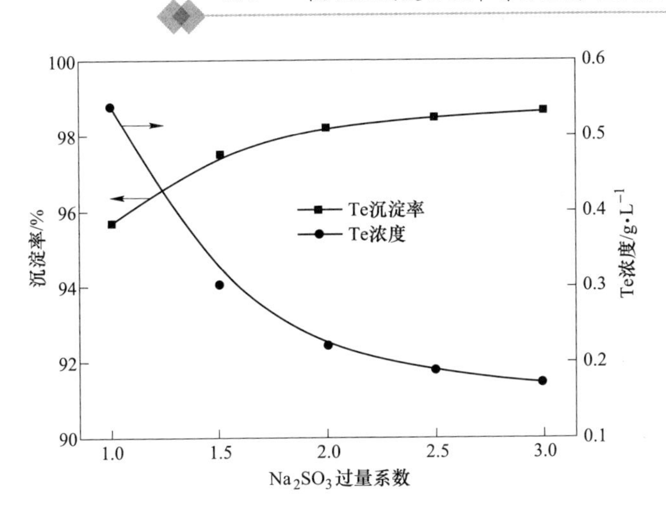

图 6-1 Na_2SO_3 过量系数对 Te 沉淀的影响

于平缓。这是因为随着向一段硫化钠浸出液加入更大过量系数的 Na_2SO_3，体系中的电位越负，体系中还原的驱动力越大。当 Na_2SO_3 过量系数由 1.0 增加至 2.0 时，Te 的沉淀率由 95.68%升高至 98.25%，溶液中 Te 的浓度由 0.54g/L 降为 0.22g/L，继续增加 Na_2SO_3 过量系数，Te 的沉淀率升高的幅度基本上可以忽略。综合考虑较高的 Te 沉淀率和较低的生产成本，选择 Na_2SO_3 的过量系数为 2.0 比较合适。

6.1.1.2 反应温度对沉淀率的影响

在一段硫化钠浸出液为 200mL、Na_2SO_3 过量系数为 2.0、反应时间为 60min 的条件下，考察了反应温度分别为 30℃、45℃、60℃、75℃和 90℃时对 Te 沉淀率及溶液中 Te 浓度的影响，实验结果如图 6-2 所示。

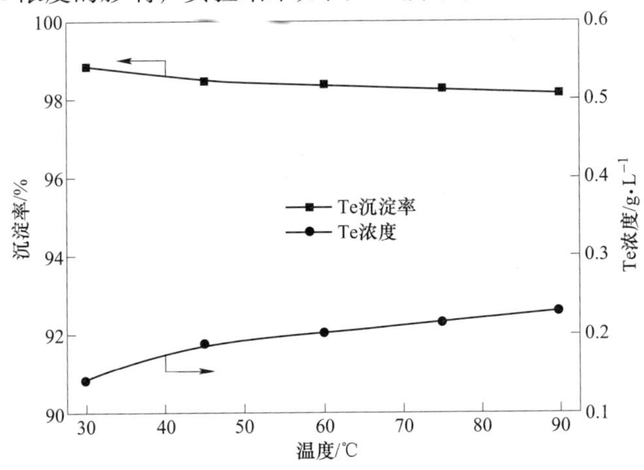

图 6-2 反应温度对 Te 沉淀的影响

由图 6-2 可知，反应温度对 Te 的沉淀影响较小。随着反应温度的升高，Te 的沉淀率略微有所下降，但变化很小，溶液中 Te 的浓度也略微有所升高，在反应温度为 30℃时，Te 的沉淀率达到最大值 98.84%，溶液中 Te 浓度为 0.14g/L。因此，选择 30℃为适宜的反应温度。

6.1.1.3 反应时间对沉淀率的影响

在一段硫化钠浸出液为 200mL、Na_2SO_3 过量系数为 2.0、反应温度为 30℃的条件下，考察了反应时间分别为 15min、30min、45min、60min 和 120min 时对 Te 沉淀率及溶液中 Te 浓度的影响，实验结果如图 6-3 所示。

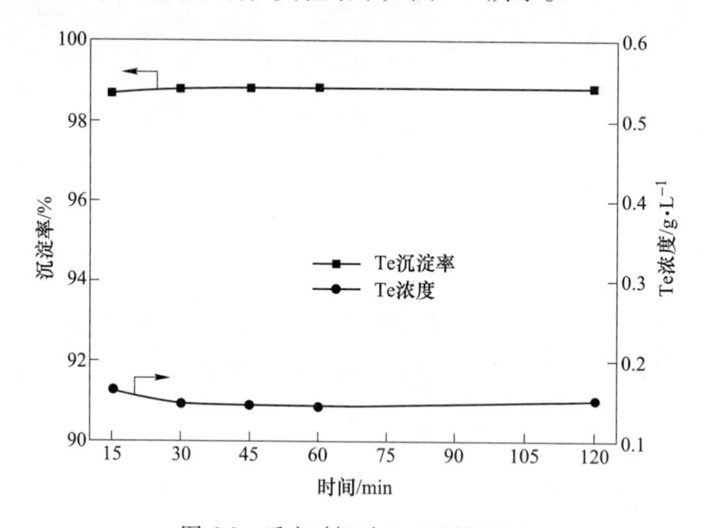

图 6-3 反应时间对 Te 还原的影响

由图 6-3 可知，随着反应时间的延长，Te 的沉淀率先逐渐增大，然后基本保持不变。在最初 30min 内，Te 的沉淀速度较快，在反应时间为 30min 时，Te 的沉淀率达到最大值 98.84%，溶液中 Te 的含量降为 0.19g/L，然后随着反应时间的延长，沉淀率基本保持不变。与碲化铜法从脱铜浸出液中回收 Te 相比，碲化铜法需要在 85℃的温度反应 48h 才能反应完全[209~211]。这表明采用 Na_2SO_3 沉淀溶液中 Te 会大大缩短反应时间。反应时间越长生产周期越长，综合考虑 Te 的沉淀率和反应周期，确定反应时间为 30min。

6.1.1.4 综合实验

由上述系列单因素条件实验研究，确定了 Na_2SO_3 沉淀一段硫化钠浸出液中 Te 的优化工艺条件：Na_2SO_3 过量系数为 2.0、反应温度 30℃、反应时间 30min。在此优化工艺条件下，Te 沉淀率达 98.84%，溶液中 Te 浓度由 12.47g/L 降至

0.15g/L。沉淀产物的主要化学组成见表6-2，沉淀产物的XRD图谱和SEM照片如图6-4和图6-5所示。

表6-2 Na_2SO_3还原沉淀产物的主要化学组成

元素	Te	Se	Na	S	Cu
质量分数/%	97.34	0.77	0.65	0.64	0.56

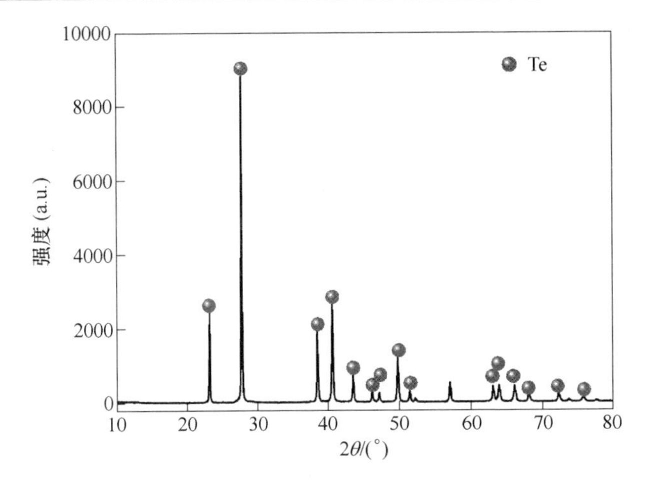

图6-4 Na_2SO_3还原沉淀产物XRD图谱

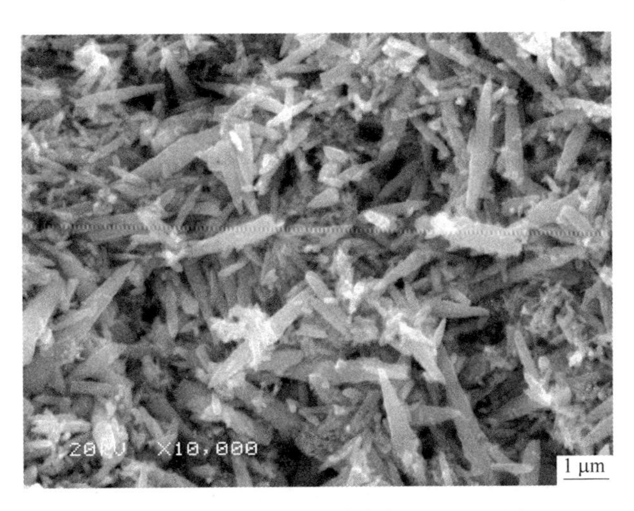

图6-5 Na_2SO_3还原沉淀产物的SEM照片

由表6-2可知，Na_2SO_3还原沉淀产物中Te含量达97.34%，其杂质元素主要为Se、Na、S和Cu，其含量均低于1%。杂质元素含量可以通过草酸煮洗进一步降低。

由图 6-4 和图 6-5 可知，沉淀产物的衍射峰十分尖锐，与单质碲的标准衍射峰匹配地非常好，表明沉淀产物中 Te 主要为单质态碲；其微观形貌为针状，与文献［212］和［213］报道一致，长约为 1~5μm，直径约为 0. 1~0. 5μm。该粗碲可通过真空蒸馏处理制备 99. 99%碲。

6. 1. 2 亚硫酸钠还原沉淀的动力学研究

在 6. 1. 1 节中，系统研究了 Na_2SO_3 还原沉淀处理一段硫化钠浸出液过程中 Te 的行为，考察了不同实验条件的影响并得到了优化实验条件，为明确 Na_2SO_3 沉淀 Te 过程控制步骤及强化措施，进行反应过程动力学研究，建立 Na_2SO_3 还原沉淀 Te 的数学模型，推导出还原沉淀 Te 的动力学方程，找出提高 Te 沉淀率的有效措施，强化 Na_2SO_3 还原沉淀 Te 的过程并促进其在工程上的应用。

6. 1. 2. 1 实验方法及步骤

Na_2SO_3 还原沉淀一段硫化钠浸出液中 Te 的动力学研究实验装置示意图与图 2-6 所示装置相同。综合考虑 Na_2SO_3 还原沉淀的优化实验条件，确定的动力学研究实验条件为：一段硫化钠浸出液为 500mL、Na_2SO_3 过量系数为 2. 0、搅拌速度为 300r/min。

实验过程为：首先用量筒量取 500mL 一段硫化钠浸出液，并将其转移置 500mL 四口烧瓶中，然后将四口烧瓶中放入水浴锅加热，当温度计显示溶液中的温度达到目标温度时，向其中加入 54g Na_2SO_3，开启搅拌，并开始计时。整个反应过程利用冷凝管回流，防止高温下溶液挥发损失。

实验过程采用 10mL PP 医用注射器取样，然后用 0. 45μm 针筒式滤膜过滤器过滤，滤液置于 10mL 的离心管保存。采样时间分别为：8s、16s、24s、32s、40s、56s、80s、100s、140s 和 160s，每次大约取 2mL 样品。

采用移液枪移取 0. 1mL 滤液，置于 50mL 容量瓶中，再加入 5mL 40g/L NaOH 溶液，然后缓慢加入 3mL H_2O_2 氧化 5min，再加入 5mL 盐酸（1∶1）酸化，然后再将容量瓶置于微沸水中加热，到容量瓶中液体不再冒气泡时，将其取出冷却，加蒸馏水定容、摇匀，采用 ICP-OES 检测其中 Te 离子浓度。然后根据式（2-2）计算 Te 的沉淀率。

6. 1. 2. 2 亚硫酸钠还原沉淀碲的动力学曲线

根据上述实验参数，在反应温度分别为 30℃、45℃、60℃和 70℃时，进行了 Na_2SO_3 还原沉淀一段硫化钠浸出液过程的动力学研究。考察了 Te 沉淀率与反应时间的关系，其结果如图 6-6 所示。

由图 6-6 可知，Na_2SO_3 还原沉淀溶液中 Te 的沉淀速率非常快，当反应温度

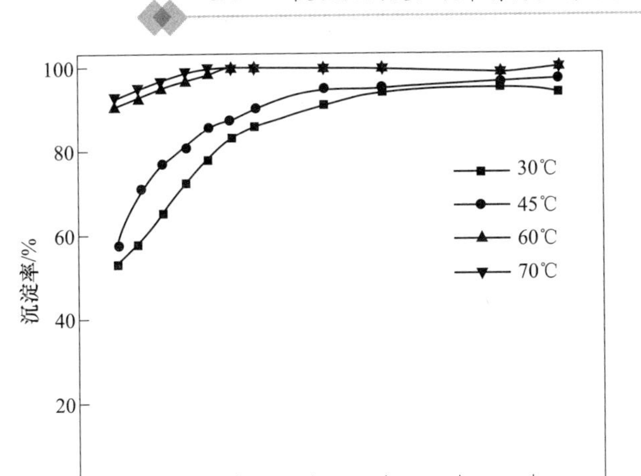

图 6-6 不同温度下 Te 沉淀率与反应时间的关系

为 25℃、反应时间为 8s 时，Te 沉淀率可达 53.08%，这表明 Na_2SO_3 还原沉淀溶液中的 Te 具有较好的动力学条件。在相同的反应时间，升高反应温度可有效促进 Te 的还原沉淀。在同一反应温度，Te 的浸出率随着反应时间的延长，首先快速升高，然后达到平衡。当反应温度分别为 30℃、45℃、60℃和 70℃时，还原沉淀反应进行 100s、80s、48s 和 48s 后即可达到平衡，平衡时 Te 的沉淀率分别为 94.59%、94.42%、99.96%和 99.88%。

首先，基于收缩未反应核模型，研究 Na_2SO_3 还原沉淀溶液中 Te 的动力学特征。将不同温度和时间条件下 Na_2SO_3 还原沉淀溶液中 Te 的沉淀率（见图 5-13 和图 5-14）利用化学反应控制和内扩散控制进行拟合。

当反应温度分别为 30℃、45℃、60℃和 70℃时，将反应时间为 0~100s、0~80s、0~48s 和 0~48s 下 Te 的沉淀率和反应时间进行拟合。不同温度下的 Te 沉淀率曲线拟合情况如图 6-7 和图 6-8 所示。

由图 6-7 可知，在反应温度为 30℃、45℃和 70℃时，Na_2SO_3 还原沉淀 Te 的沉淀率与化学反应控制拟合数据匹配较好，拟合直线的相关系数均大于 0.95，但是反应温度为 60℃时，拟合直线的相关系数小于 0.9，因此，Na_2SO_3 还原沉淀 Te 的反应不符合化学反应控制。

由图 6-8 可知，Na_2SO_3 还原沉淀 Te 的沉淀率与内扩散控制拟合数据匹配较好，拟合直线的相关系数大于 0.9560，各拟合直线的线性相关性比较显著，Te 的沉淀率可较好的符合线性回归关系。因此，Na_2SO_3 还原沉淀一段硫化钠浸出液中 Te 的反应属于内扩散控制。

表 6-3 列出了 30~70℃温度范围内 Te 的 $1-2X/3-(1-X)^{2/3}$ 与 t 线性回归方程。

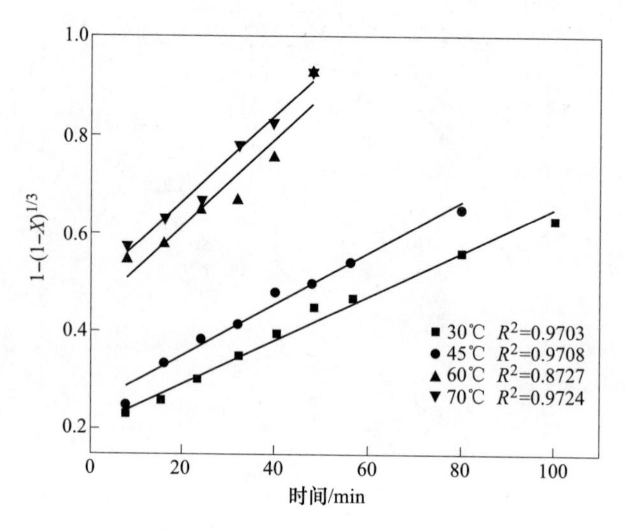

图 6-7　不同温度下 Te 的$[1-(1-X)^{1/3}]$-t 拟合曲线图

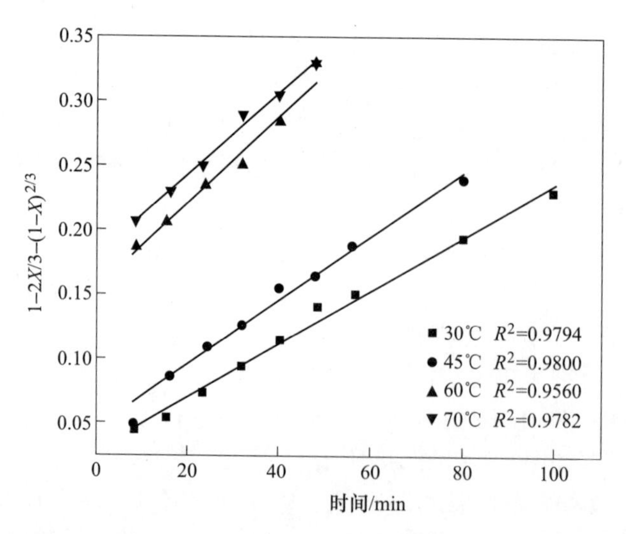

图 6-8　不同温度下 Te 的$[1-2X/3-(1-X)^{2/3}]$-t 拟合曲线图

表 6-3　30~70℃温度范围内 Te 的 $1-2X/3-(1-X)^{2/3}$与 t 关系

温度/℃	回归方程	相关系数（R^2）
30	$1-2X/3-(1-X)^{2/3}=0.02812+0.00208t$	0.9794
45	$1-2X/3-(1-X)^{2/3}=0.04612+0.00249t$	0.9800
60	$1-2X/3-(1-X)^{2/3}=0.15342+0.00337t$	0.9560
70	$1-2X/3-(1-X)^{2/3}=0.17917+0.00318t$	0.9783

6.1.2.3 表观活化能和控制步骤

由式（4-8）可知，Te 的 $1-2X/3-(1-X)^{2/3}$ 与 t 的拟合直线在纵坐标的截距是 $\ln k$。因此，将图 6-8 中拟合直线在纵坐标的截距与 $1/T$ 的关系作图，其如图 6-9 所示。由式（4-6）可知，通过图 6-9 中所拟合直线的斜率，可以算出 Na_2SO_3 还原沉淀一段硫化钠浸出液中 Te 的反应的表观活化能。由图 6-9 可知，其拟合直线回归方程式分别为：$Y=1.42622-428.52704X$。根据回归方程可计算 Na_2SO_3 还原沉淀一段硫化钠浸出液中 Te 的反应表观活化能 E_{Te} 为 3.56kJ/mol，表观活化能小于 10kJ/mol，符合固膜内扩散控制的活化能特征，并推测该固膜主要为沉淀反应产物粗碲。

另外，由式（4-6）以及图 6-9 中拟合直线在坐标上的截距，能算出频率因子 A_{Te} 为 4.16。因此，Na_2SO_3 还原沉淀一段硫化钠浸出液中 Te 的反应速率常数 k_{Te} 与 T 的函数关系为：

$$k_{Te} = 4.16 \times \exp(-4.285 \times 10^2/T) \tag{6-1}$$

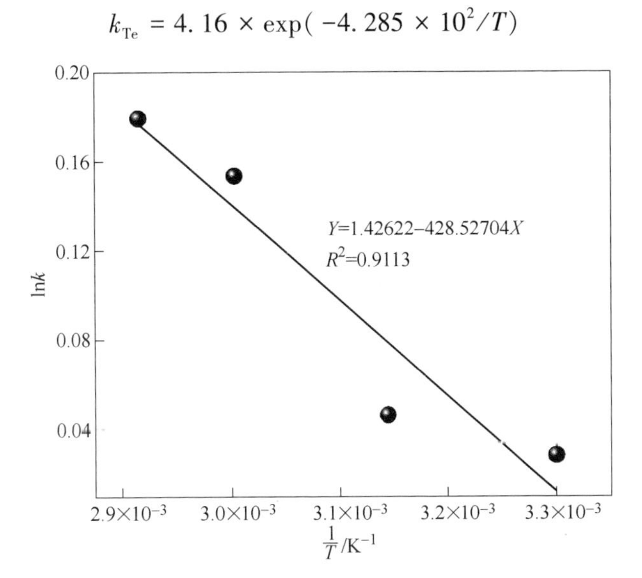

图 6-9 Na_2SO_3 还原沉淀碲的 $\ln k$ 与 $1/T$ 的关系

6.1.3 亚硫酸钠还原沉淀碲的历程研究

电位是氧化还原反应十分重要的一个参数。体系的电位变化，可以有效地反映氧化还原反应的情况[214,215]。通过研究 Na_2SO_3 还原沉淀一段硫化钠浸出液中 Te 过程的电位变化，以明确 Te 还原沉淀机理和历程。

体系电位变化是通过电化学工作站 Autolab PGSTAT302N 开路电压—时间功能进行测量，以 1.5cm×1.5cm 的铂片作为工作电极，Hg/HgO 电极作为参比电极。实验过程为：量取500mL一段硫化钠浸出液加入四口烧瓶中，将烧瓶置于水浴锅中，控制搅拌速度300r/min，当体系温度达到30℃时，接入工作电极和参比电极，开始空白体系电位的测量20s，快速加入2倍过量系数的Na_2SO_3，继续电位测量300s。将反应过程电位与溶液中Te浓度一起复合作图，结果如图6-10所示。

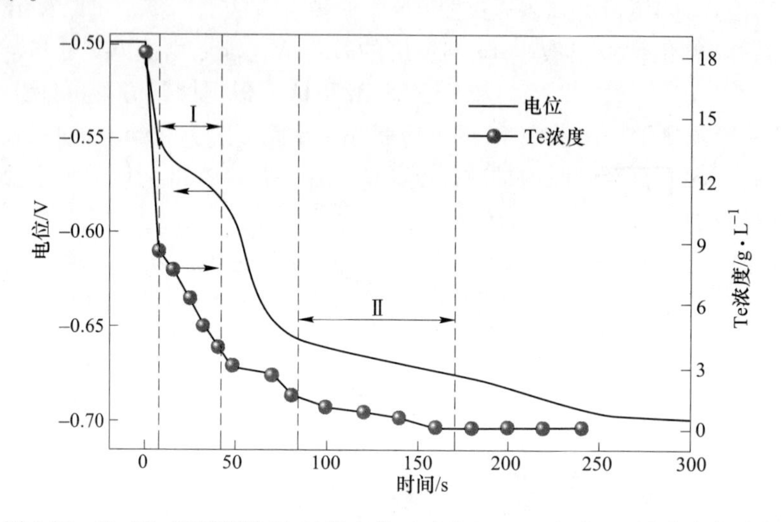

图6-10 Na_2SO_3还原沉淀Te过程电位（对比Hg/HgO）与Te浓度变化趋势

从图6-10可以看出，体系最初的标准电位约为-0.50V。加入Na_2SO_3后，体系电位急剧下降，当电位下降至约-0.55V时，体系电位下降趋势变缓，此时，实验过程观察到体系有大量的灰黑色沉淀生成，溶液中Te浓度由18.17g/L降至8.53g/L，表明Te开始被大量还原析出，综合考虑一段硫化钠溶液中同时存在TeS_3^{2-}和TeS_4^{2-}，此时体系中发生反应为TeS_3^{2-}的还原沉淀，其反应式见式（6-2）：

$$2SO_3^{2-} + TeS_3^{2-} \longrightarrow 2S_2O_3^{2-} + S^{2-} + Te\downarrow \tag{6-2}$$

然后体系电位继续缓慢下降至-0.59V左右，电位又开始快速下降，直到电位下降至-0.65V左右后电位开始缓慢下降，电位下降的同时，溶液中Te浓度也逐渐降低，电位变化的趋势表明此时溶液中进行了另外一个氧化还原反应，其反应式见式（6-3）：

$$3SO_3^{2-} + TeS_4^{2-} \longrightarrow 3S_2O_3^{2-} + S^{2-} + Te\downarrow \tag{6-3}$$

体系电位继续下降，最后保持为-0.70V左右，溶液中Te浓度最后降为0.02g/L左右。

对Ⅰ区域（24s、32s、48s）和Ⅱ区域（120s、140s、160s）所得沉淀产物进行XRD和SEM分析，其结果如图6-11和图6-12所示。

由图6-11可知，Ⅰ、Ⅱ区域所得的沉淀产物的XRD图谱与碲单质的标准图

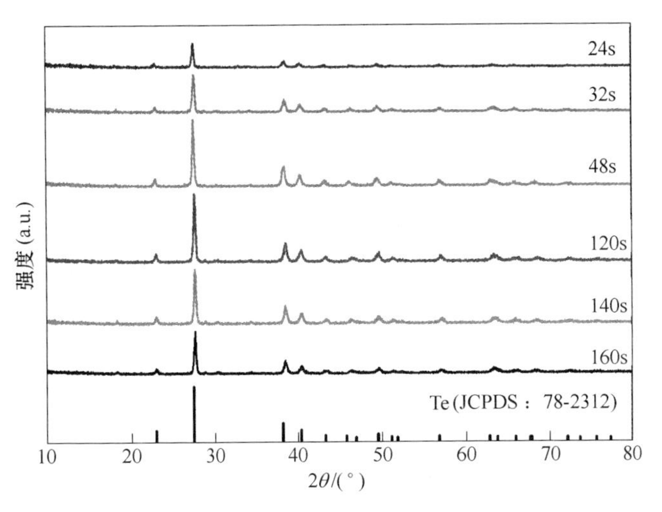

图 6-11 Ⅰ区域（24s、32s、48s）和Ⅱ区域（120s、140s、160s）所得沉淀产物 XRD 图谱

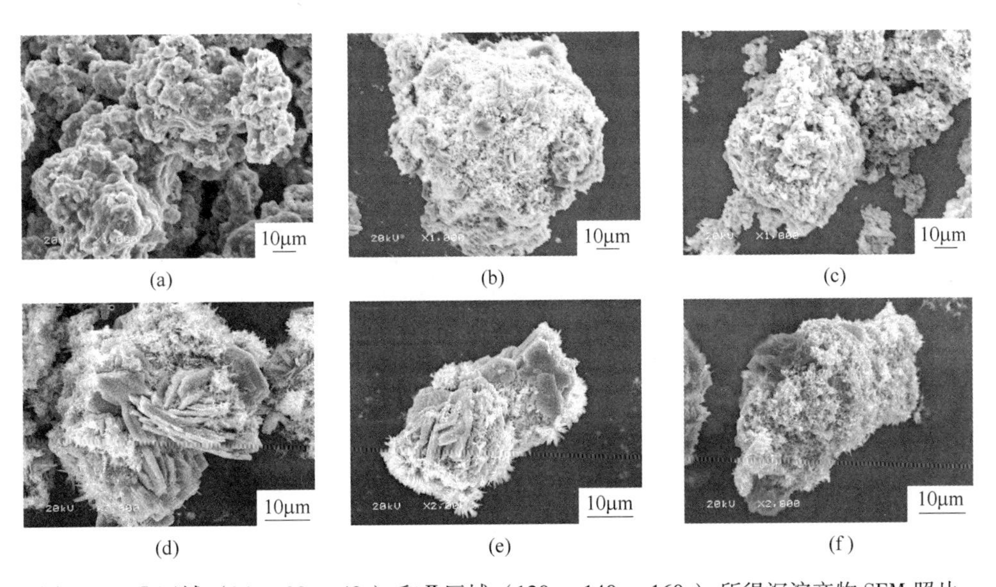

图 6-12 Ⅰ区域（24s、32s、48s）和Ⅱ区域（120s、140s、160s）所得沉淀产物 SEM 照片
（a）24s；（b）32s；（c）48s；（d）120s；（e）140s；（f）160s

谱匹配地很好（标准 PDF 卡片：JCPDS：78-2312），表明还原沉淀产物主要以碲单质的形式存在。另外，Ⅰ区域（24s、32s、48s）所得沉淀产物 XRD 衍射峰强度随着反应时间延长而逐渐增强，Ⅱ区域（120s、140s、160s）所得沉淀产物 XRD 衍射峰强度基本一致，这说明在Ⅰ区域内，随着反应时间延长，沉淀产物碲的晶型越来越好，而且在Ⅱ区域内，沉淀产物碲的晶型基本一致。由图 6-12 可知，Ⅰ、Ⅱ区域所得的沉淀产物的颗粒团聚比较严重，分散性较差，沉淀产物

由大量的针状 Te 团聚而成。

为进一步研究 Na_2SO_3 还原沉淀 Te 的机理，对不同温度（45℃、60℃和70℃）下体系电位变化进行了测定，实验过程与反应温度为 30℃时保持一致。实验结果如图 6-13 所示。

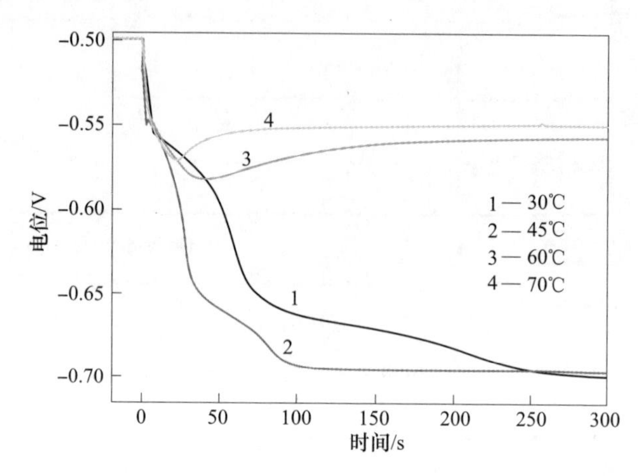

图 6-13　不同温度下 Na_2SO_3 还原沉淀 Te 过程电位变化趋势

由图 6-13 可知，当反应温度为 30℃和 45℃时，体系电位变化规律基本一致，但是反应温度为 45℃时电位下降速度较温度为 30℃时更快，当反应进行 4s 左右，体系电位就降至-0.55V 左右，且此时实验过程中观测到体系中生成了大量的灰黑色沉淀的实验现象，而且反应温度为 45℃时，存在类似反应温度为 30℃的Ⅰ、Ⅱ区域，这表明反应温度为 45℃时，Na_2SO_3 还原 Te 的反应历程与反应温度 30℃时一致，首先进行 TeS_3^{2-} 中的 Te 还原沉淀反应，然后再进行 TeS_4^{2-} 的还原沉淀反应。

当反应温度为 60℃和 70℃时，体系电位变化规律与 30℃和 45℃时明显不同，随着反应时间延长，体系电位急剧下降，当反应时间分别为 3s 和 4s 时，实验过程中观测到体系中生成了大量的灰黑色沉淀，当反应时间分别为 39s 和 22s 时，体系电位降至最低为-0.58V 和-0.57V，然后电位缓慢上升，最终保持 0.56V 和 0.55V 不变。而且反应温度为 60℃和 70℃时，电位不存在类似反应温度为 30℃和 45℃的Ⅰ、Ⅱ区域，这表明，反应温度为 60℃和 70℃时 Na_2SO_3 还原 Te 的反应历程与反应温度 30℃和 45℃时不同，TeS_3^{2-} 和 TeS_4^{2-} 的还原沉淀反应的发生没有先后顺序，这是因为反应温度的升高，有利于溶液中分子、离子的传质和传热，降低 Te 还原沉淀反应所需的能量势垒[216~218]，TeS_3^{2-} 和 TeS_4^{2-} 的还原沉淀的电位基本一致。

对不同反应温度下反应时间为 240s 所得的沉淀产物进行 XRD 和 SEM 分析，结果如图 6-14 和图 6-15 所示。

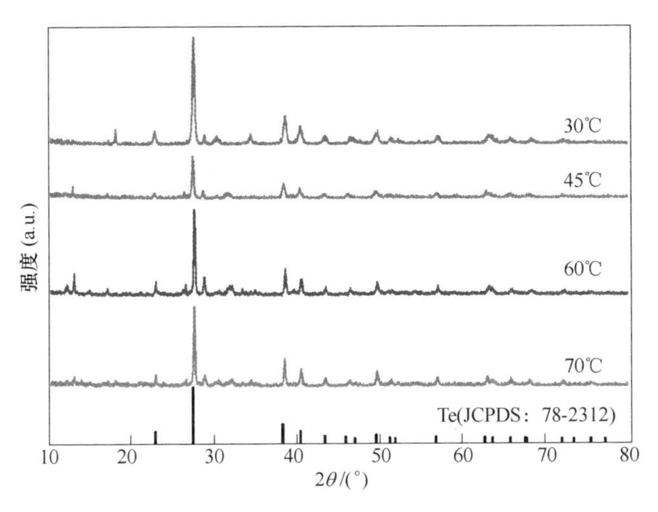

图 6-14 不同反应温度下反应时间为 240s 所得的沉淀产物 XRD 图谱

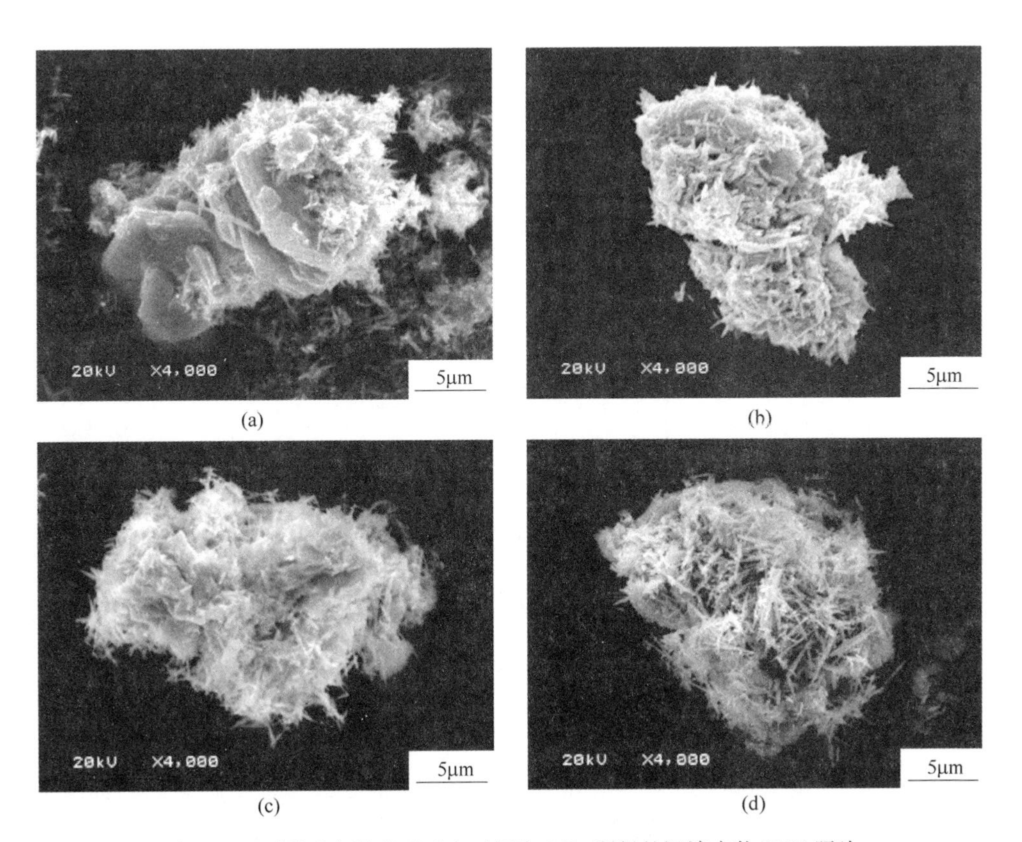

图 6-15 不同反应温度下反应时间为 240s 所得的沉淀产物 SEM 照片

(a) 30℃；(b) 45℃；(c) 60℃；(d) 70℃

由图 6-14 可知，30℃、45℃、60℃和 70℃温度下所得沉淀产物的 XRD 图谱都与碲单质的标准图谱匹配得很好（标准 PDF 卡片 JCPDS：78-2312），表明各温度下还原沉淀产物都主要以碲单质的形式存在。由图 6-15 可知，30℃、45℃、60℃和 70℃温度下所得的沉淀产物的颗粒团聚比较严重，分散性较差，沉淀产物由大量的针状碲团聚而成，针状 Te 长度约为 2~3μm。

6.1.4　亚硫酸钠还原沉淀后液处理探索

在含碲物料一段硫化钠浸出液 Na_2SO_3 还原沉淀 Te 过程中，为了保证较高的 Te 沉淀率，加入的 Na_2SO_3 为理论量的 2.0 倍，另外，由式（3-2）可知，还原沉 Te 过程产生 $Na_2S_2O_3$ 和 Na_2S，因此，还原沉淀后液中主要含有 Na_2SO_3、$Na_2S_2O_3$、Na_2S 以及微量的 Te。采用 H_2O_2 氧化，使 Na_2SO_3、$Na_2S_2O_3$、Na_2S 等氧化为 Na_2SO_4，然后再蒸发结晶回收 Na_2SO_4。

还原沉淀后液处理探索实验条件为：Na_2SO_3 还原沉 Te 后液 200mL、2 倍过量系数的 H_2O_2(30%) 90mL、反应温度为常温、反应时间 2h、搅拌速度 300r/min。H_2O_2 氧化后，溶液颜色由浅黄色变为无色。然后量取 H_2O_2 氧化后液 200mL 加入 1000mL 烧杯中，将其放在电加热板上缓慢加热至溶液沸腾，然后继续加热至溶液中有固体产物析出，接着冷却结晶，最后过滤，干燥。对结晶产物进行 XRD 和 SEM 分析，结果如图 6-16 和图 6-17 所示。

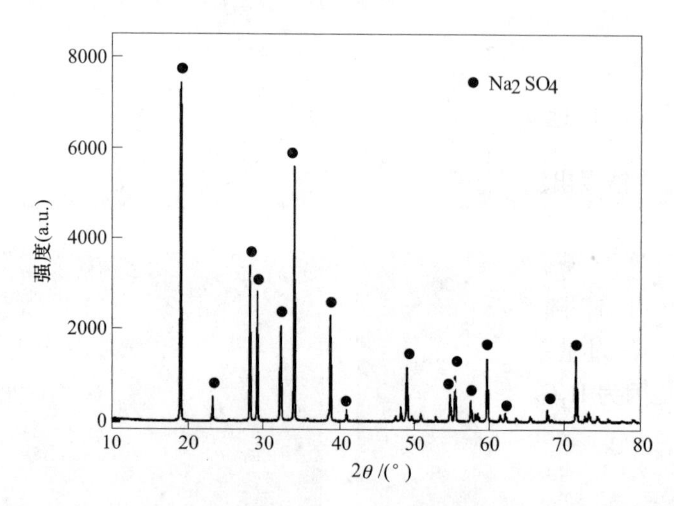

图 6-16　Na_2SO_3 还原沉淀后液 H_2O_2 氧化-蒸发结晶产物 XRD 图谱

由图 6-16 和图 6-17 可知，结晶产物的衍射峰十分尖锐，与硫酸钠的标准衍射峰匹配地非常好，表明结晶产物中主要物相为硫酸钠；其微观形貌为不规则的长方体，分散性较好，长约为 50μm，直径约为 25μm。

图 6-17 Na_2SO_3 还原沉淀后液 H_2O_2 氧化-蒸发结晶产物 SEM 图片

6.2 二段硫化钠浸出液中有价金属的分离提取

按 4.2 节二段硫化钠浸出的优化工艺条件进行一段硫化钠浸出渣的浸出，将所得到的浸出液混合、搅拌均匀，作为本节实验原料，经 ICP 检测，该溶液 Sb 的含量为 22.18g/L，Te 的含量为 2.45g/L，Sb 和 Te 主要以 SbS_4^{3-}、TeS_4^{2-} 的形式存在，溶液 pH 值为 13.76，为强碱性溶液。

6.2.1 H_2O_2 氧化沉淀工艺的研究

6.2.1.1 H_2O_2 过量系数的影响

在二段硫化钠浸出液为 200mL、反应温度为 50℃、反应时间为 150min 的条件下，考察了 H_2O_2 过量系数（按照式（3-46）进行计算）分别为 0.6、0.8、1.0、1.2、1.5 和 2.0 时对 Sb 和 Te 沉淀率的影响，实验结果如图 6-18 所示。

由图 6-18 可知，随着 H_2O_2 过量系数的增大，Sb 的沉淀率快速升高，然后趋于平衡。当 H_2O_2 过量系数由 0.6 增大至 1.2 时，Sb 的沉淀率从 44.52%升高至 99.78%，这是因为 H_2O_2 在碱性溶液中分解，释放活性［O］[219]，将 SbS_4^{3-} 被氧化为 $NaSb(OH)_6$ 而使 Sb 沉淀，增加 H_2O_2 过量系数，在体系中产生更多的活性［O］，进而使更多的 Sb 沉淀，当过量系数大于 1.2 时，Sb 几乎全部沉淀完全，Sb 的沉淀率保持不变；而随着 H_2O_2 过量系数的增大，Te 的行为与 Sb 完全不同，在考察的 H_2O_2 过量系数范围内，Te 的沉淀率几乎为零，其原因可能是溶液中的 TeS_4^{2-} 被活性［O］氧化为 Na_2TeO_4，而 Na_2TeO_4 在该体系是可溶的，该过程发生的主要反应见式（6-4）：

$$Na_2TeS_4 + 16H_2O_2 + 8NaOH \longrightarrow Na_2TeO_4 + 4Na_2SO_4 + 20H_2O \qquad (6-4)$$

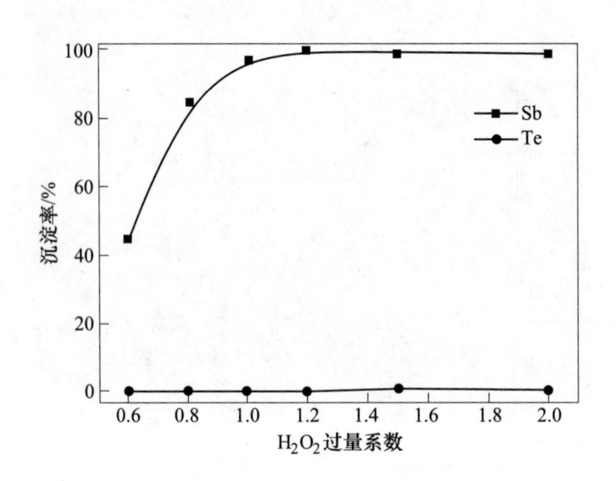

图 6-18　H_2O_2 过量系数对 Sb 和 Te 沉淀率的影响

为确定 H_2O_2 氧化沉淀过程合适的 H_2O_2 过量系数，不仅要考虑氧化沉 Sb 过程，还要考察 H_2O_2 过量系数对后续 Te 回收的影响。分别量取 H_2O_2 过量系数为 1.0、1.2 和 1.5 时所得沉锑后液 200mL，在 Na_2S 过量系数 1.0，Na_2SO_3 过量系数 1.5，反应温度 50℃，反应时间 30min 的条件下，进行沉锑后液中 Te 的还原沉淀实验，其结果见表 6-4。

表 6-4　不同 H_2O_2 过量系数对沉锑后液中 Te 回收率的影响

项目	H_2O_2 过量系数		
	1.0	1.2	1.5
Te 回收率/%	0	0	83.31

由表 6-4 可知，当 H_2O_2 过量系数为 1.0 和 1.2 时，Te 的沉淀率为零，当 H_2O_2 过量系数为 1.5 时，Te 的沉淀率达 83.31%，综合考虑氧化沉淀过程 Sb 的沉淀率和后续沉锑后液 Te 的回收率，确定 H_2O_2 过量系数为 1.5。

6.2.1.2　反应温度的影响

在二段硫化钠浸出液为 200mL、H_2O_2 过量系数为 1.5、反应时间为 150min 的条件下，考察了反应温度分别为 30℃、40℃、50℃、60℃和 70℃时对 Sb 和 Te 沉淀率的影响，实验结果如图 6-19 所示。

由图 6-19 可知，在考察的反应温度范围内，温度对 Sb 沉淀率影响较小，当反应温度为 30℃时，Sb 的浸出率就达到了 99.18%，随着反应温度的升高，Sb 的沉淀率基本保持不变，其原因可能是 H_2O_2 加入碱性溶液时，过程会放大量的

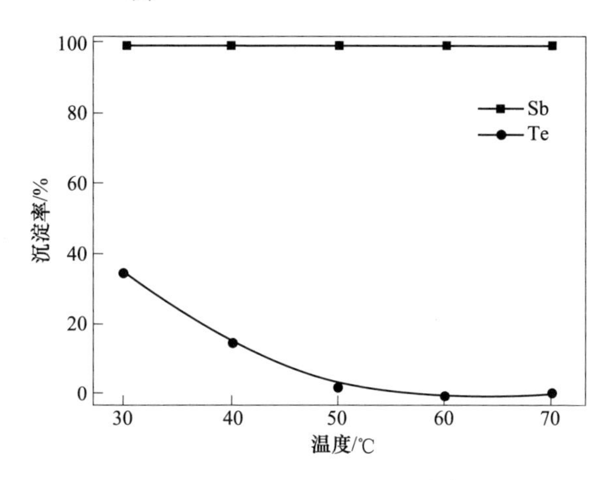

图 6-19 反应温度对 Sb 和 Te 沉淀率的影响

热，溶液体系中的温度实际比水浴锅控制的温度高，当 H_2O_2 加入完全时，溶液温度回落至控制的温度，实验过程用温度计测量溶液体系中的实际温度，其结果见表 6-5。

表 6-5 控制的反应温度和实际反应温度

控制温度 /℃	30	40	50	60	70
实际温度/℃	52	54	62	68	78

由表 6-5 可知，当反应温度控制为 30℃时，溶液中的实际温度为 52℃，实际反应温度的升高，使得溶液中分子的运动加剧，提高了溶液中分子和离子的扩散速度，促进了 Sb 的沉淀反应，因此，控制较低的反应温度即可将溶液中的 Sb 沉淀完全。

另外，随着反应温度的升高，Te 的变化规律与 Sb 完全不同。当反应温度由 30℃升高至 50℃时，Te 的沉淀率由 34.75%逐渐降低至 1.69%，其原因可能是因为氧化生成的 Na_2TeO_4 的溶解度随着反应温度的升高而增大。当反应温度继续升高时，Te 的沉淀率一直保持为零。综合考虑 Sb、Te 的沉淀率和生产过程的能耗，选择 50℃为合适的反应温度。

6.2.1.3 反应时间的影响

在二段硫化钠浸出液为 200mL、H_2O_2 过量系数为 1.5、反应温度为 50℃的条件下，考察了反应时间为 100min、120min、150min、180min 和 210min 时对 Sb 和 Te 沉淀率的影响，实验结果如图 6-20 所示。

由图 6-20 可知，反应时间对 Sb 和 Te 的沉淀率影响较小。当反应时间为 100min 时，Sb 和 Te 的沉淀率分别为 98.93%和零，随着反应时间进一步延长，

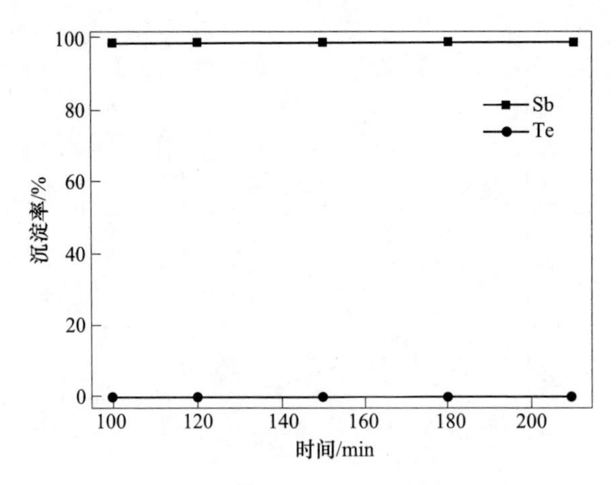

图 6-20 反应时间对 Sb 和 Te 沉淀率的影响

Sb 和 Te 的沉淀率不再变化，说明在反应时间 100min 时，反应已进行完全。综合考虑 Sb、Te 沉淀率和生产周期，确定 100min 为适宜的反应时间。

6.2.1.4 综合实验

通过以上系列单因素实验研究，确定了 H_2O_2 氧化沉淀二段硫化钠浸出液中 Sb 的优化工艺条件：H_2O_2 过量系数 1.5、反应温度 50℃、反应时间 100min。在此优化工艺条件下，Sb 的沉淀率达 98.93%，Te 的沉淀率几乎为零，二段硫化钠浸出液中 Sb 的含量由 22.18g/L 降为 0.13g/L。沉淀产物的主要化学组成见表 6-6，沉淀产物的 XRD 图谱和 SEM 照片如图 6-21 和图 6-22 所示。

表 6-6 H_2O_2 氧化沉淀二段硫化钠浸出液沉淀产物的主要化学组成

元素	Sb	Na	Bi	Ca	Sn	Al	Fe	Mg
质量分数/%	46.92	9.70	0.045	0.041	0.093	0.005	0.003	0.002

由表 6-6 可知，H_2O_2 氧化沉淀二段硫化钠浸出液沉淀产物中主要含 Sb 和 Na，Sb 含量为 46.92%，另外还含有微量的 Bi、Ca、Sn、Al、Fe、Mg。

由图 6-21 和图 6-22 可知，沉淀产物的 XRD 图谱与 $NaSb(OH)_6$ 的标准图谱匹配得很好，说明该沉淀产物的主要物相为 $NaSb(OH)_6$。沉淀产物的微观形貌为较规则的长方体，长约为 100μm、宽和高约为 50μm，分散性较好。

6.2.1.5 粗焦锑酸钠的精制及产品表征

由 H_2O_2 氧化沉淀得到的粗制焦锑酸钠化学组成可知（见表 6-6），该粗制焦锑酸钠中还含一定的 Bi、Ca、Sn、Al、Fe、Mg 等杂质，且外观为灰色粉末，需要通过精制去除。

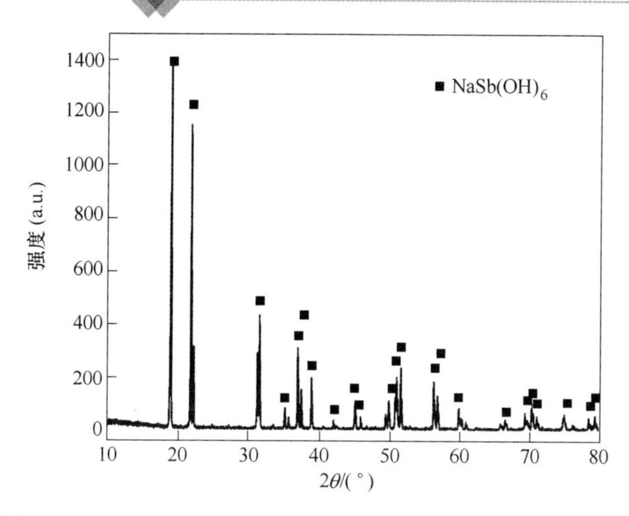

图 6-21 H_2O_2 氧化沉淀二段硫化钠浸出液沉淀产物 XRD 图谱

图 6-22 H_2O_2 氧化沉淀二段硫化钠浸出液沉淀产物 SEM 照片

粗制焦锑酸钠的精制过程为：将制备的粗制焦锑酸钠用50%盐酸溶液溶解，过滤，滤去不溶物质，得到清澈的 $SbCl_5$ 溶液；将 $SbCl_5$ 溶液缓慢加入 5 倍体积的纯水中，在搅拌下水解 30min，过滤，锑水解产物用 1%的盐酸洗涤 1 次；锑水解产物加水调浆，在搅拌下缓慢加入 30%的 NaOH 溶液，在 80℃ 下转化反应 30min，过滤，然后分别用5% NaOH 溶液和纯水洗涤 1 次，再置于烘箱内在 90℃下干燥 12h。精制后焦锑酸钠的外观为白色粉末，其化学组成见表 6-7。

表 6-7 精制后焦锑酸钠的主要化学组成

元素	Sb	Na	Bi	Ca	Sn
质量分数/%	48.15	9.28	0.098	0.052	0.012

由表 6-7 可知，精制后焦锑酸钠中还有少量 Bi 未除尽，其他杂质的含量都比较低；Sb 的含量为 48. 15%、Na 的含量为 9. 28%，比理论值稍低（其理论值分别为 49. 34%和 9. 31%），分析其原因可能是焦锑酸钠中的吸附水未全部脱除。

图 6-23 和图 6-24 所示为精制后焦锑酸钠的 XRD 图谱和 SEM 照片。从图中可知：精制后得到的产品为纯净的单一物相、晶型完整的 $NaSb(OH)_6$，与粗制焦锑酸钠 XRD 图谱相比，精制后的焦锑酸钠 XRD 图谱衍射峰强度更高，表明经过精制后，焦锑酸钠晶型变得更好；精制后的焦锑酸钠粉末为外形规整的立方体，产品的粒度小于 10μm，与粗制焦锑酸钠 SEM 照片相比，产品粒度明显减小。

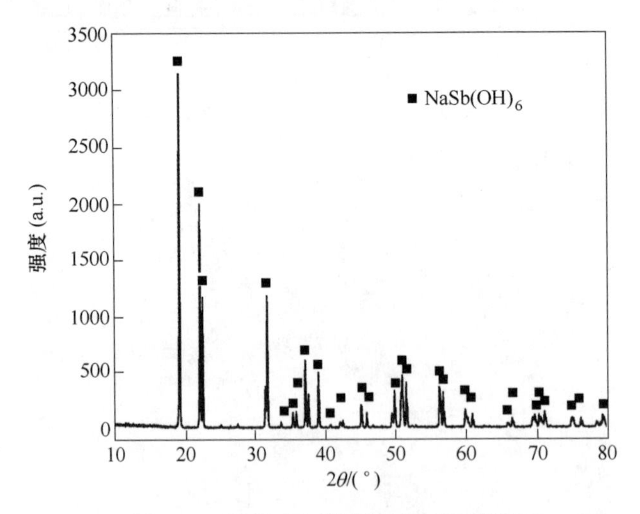

图 6-23　精制后焦锑酸钠的 XRD 图谱

图 6-24　精制后焦锑酸钠的 SEM 照片

6.2.1.6 碲酸钠在氢氧化钠溶液中平衡浓度测定

为了明确 Na_2TeO_4 在该体系下的溶解度的行为，进行了 Na_2TeO_4 在 NaOH 溶液中平衡浓度测定实验。

测定了在温度为 20℃、40℃和 60℃，NaOH 浓度为 0.25mol/L、0.50mol/L、0.75mol/L、1.00mol/L、2.00mol/L、4.00mol/L、8.00mol/L 和 12.00mol/L 条件下 Na_2TeO_4 的溶解度的变化，其结果如图 6-25 所示。

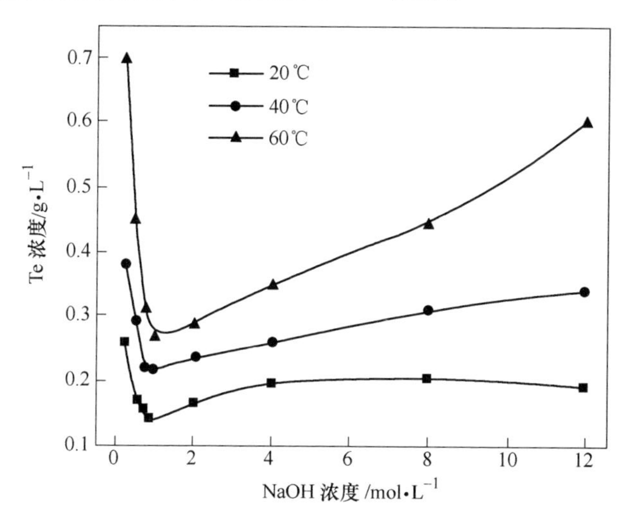

图 6-25 Na_2TeO_4-NaOH-H_2O 体系溶解度等温线

由图 6-25 可知，Na_2TeO_4 在 20℃、40℃和 60℃的 0.25mol/L NaOH 溶液中达到溶解平衡时，Na_2TeO_4 溶解度依次为 0.26g/L、0.38g/L、0.70g/L。Na_2TeO_4 的溶解度随着温度的升高而增大。相同温度条件下，Na_2TeO_4 溶解度随溶液中 NaOH 浓度的增加而先急剧下降，然后再逐渐上升。在温度为 40℃时，当 NaOH 浓度由 0.25mol/L 升高至 1mol/L 时，Na_2TeO_4 溶解度由 0.38g/L 快速下降至 0.21g/L，这是因为 Na_2TeO_4 是一种强电解质，在 Na_2TeO_4 溶解过程中发生电离：

$$Na_2TeO_4 \longrightarrow 2Na^+ + TeO_4^{2-} \tag{6-5}$$

电离产生的 TeO_4^{2-} 会进一步发生水解[220]：

$$TeO_4^{2-} + H_2O \longrightarrow HTeO_4^- + OH^- \tag{6-6}$$

$$HTeO_4^- + H_2O \longrightarrow H_2TeO_4 + OH^- \tag{6-7}$$

由式（6-5）~式（6-7）可知，Na_2TeO_4 溶解时，会使溶液中 Na^+和 OH^-离子增多。根据同离子效应[221,222]，溶液中加入 NaOH，则相当于增加了 Na^+和 OH^-离子，使得反应逆向进行，从而使 Na_2TeO_4 溶解度减小，在 NaOH 浓度较低时，这种作用非常明显。但是，当 NaOH 浓度较高时，同离子效应已经达到了极限，

继续增加 NaOH 浓度，Na_2TeO_4 的溶解度又逐渐升高。

6.2.2 硫化钠-亚硫酸钠还原沉淀沉锑后液中碲的研究

按 6.2.1 节 H_2O_2 氧化沉淀二段硫化钠浸出液中 Sb 的优化工艺条件进行批量实验，将所得到的沉 Sb 后液混合、搅拌均匀，作为本节实验原料，其主要化学组成见表 6-8。

表 6-8 沉 Sb 后液的主要化学组成

元素	Te	Sb	Bi	Fe	Pb	Zn
浓度	1.45g/L	0.11g/L	7.45mg/L	1.15mg/L	0.90mg/L	0.08mg/L

由表 6-8 可知，沉锑后液中主要成分为 Te，含量为 1.45g/L，Te 主要以 TeO_4^{2-} 的形式存在，除此之外，还含有微量的 Sb、Bi、Fe、Pb 和 Zn 等金属。

目前，碱性含 TeO_4^{2-} 溶液的处理，一般是向其中加入 H_2SO_4，使溶液中的 Te 以 TeO_2 的形式沉淀，然后通过碱溶电解，实现 99.99%碲的制备[223~225]。但这种工艺酸和碱的消耗很大，且工艺流程冗长。

本节基于碱性溶液中 TeS_4^{2-} 能被 Na_2SO_3 还原沉淀碲单质的原理[164,165]，采用 Na_2S-Na_2SO_3 体系还原沉淀其中的 Te，其主要过程为：通过向沉锑后液加入 Na_2S 和 Na_2SO_3，使溶液中 TeO_4^{2-} 在 S^{2-} 作用下转型为 TeS_4^{2-}，然后 TeS_4^{2-} 被 SO_3^{2-} 还原沉淀为碲单质，其主要的化学反应见式（6-8）和式（6-9）。

$$TeO_4^{2-} + 4S^{2-} + 4H_2O = TeS_4^{2-} + 8OH^- \tag{6-8}$$

$$TeS_4^{2-} + 3SO_3^{2-} = 3S_2O_3^{2-} + S^{2-} + Te\downarrow \tag{6-9}$$

6.2.2.1 硫化钠过量系数的影响

在沉锑后液为 200mL、Na_2SO_3 过量系数为 1.5、反应温度为 50℃、反应时间为 30min 的条件下，考察了 Na_2S 过量系数（按照式（6-8）进行计算）为 1.0、1.1、1.2、1.25、1.5、2.0 和 3.0 对 Te 沉淀率和溶液中 Te 浓度的影响，实验结果如图 6-26 所示。

由图 6-26 可知，Na_2S 过量系数对 Te 的沉淀率的影响十分显著。随着 Na_2S 过量系数的增大，Te 的沉淀率快速下降，当 Na_2S 过量系数由 1.0 增大为 3.0 时，Te 的沉淀率由 90.88% 下降至 4.10%，溶液中 Te 的浓度由 0.13g/L 升高至 1.39g/L，其原因是还原沉淀下来的 Te 被过量的 Na_2S 所溶解，而导致 Te 的沉淀率急剧下降，其反应见式（6-10）。

$$Te + 3Na_2S + 2H_2O_2 = Na_2TeS_3 + 4NaOH \tag{6-10}$$

因此，确定 1.0 为适宜的 Na_2S 过量系数。

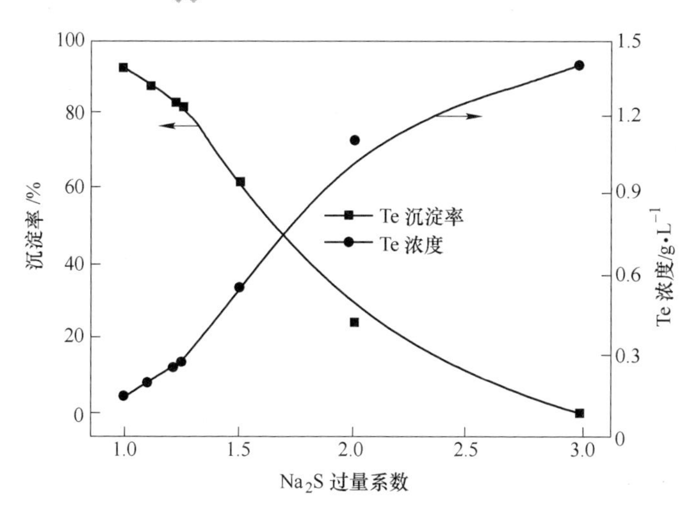

图 6-26 Na_2S 过量系数对 Te 沉淀率的影响

6.2.2.2 亚硫酸钠过量系数的影响

在沉锑后液为 200mL、Na_2S 过量系数为 1.0、反应温度为 50℃、反应时间为 30min 的条件下，考察了 Na_2SO_3 过量系数（按照式（6-9）进行计算）为 1.0、1.25、1.5、1.75、2.0 和 3.0 对 Te 沉淀率和溶液中 Te 浓度的影响，实验结果如图 6-27 所示。

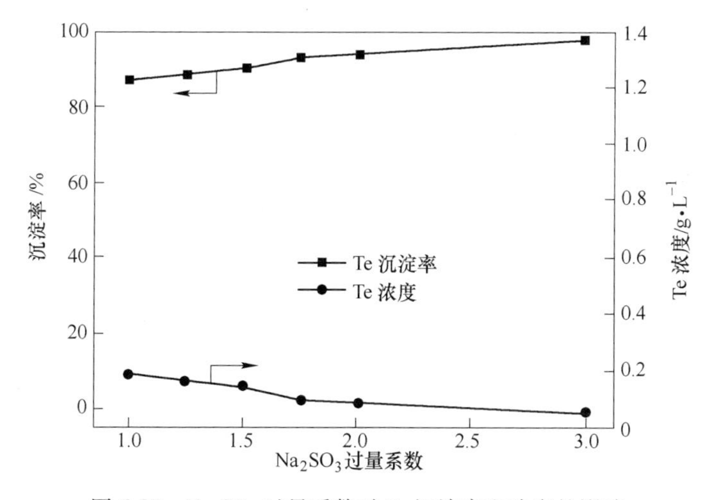

图 6-27 Na_2SO_3 过量系数对 Te 沉淀率和浓度的影响

由图 6-27 可知，随着 Na_2SO_3 过量系数的增加，Te 沉淀率逐渐升高，溶液中 Te 的含量逐渐降低，然后基本保持不变。当 Na_2SO_3 过量系数由 1.0 增加至 1.75

时，Te 沉淀率由 86.70%升高为 93.28%，溶液中 Te 浓度由 1.19g/L 降低为 0.10g/L，这是因为溶液中加入的 Na_2SO_3 过量系数越大，体系中的电位越负，还原的驱动力越大，Te 还原沉淀反应进行越彻底。当 Na_2SO_3 过量系数超过 1.75 时，Te 的沉淀率基本保持平衡。综合考虑较高的 Te 沉淀率和较低的生产成本，选择 Na_2SO_3 过量系数为 1.75。

6.2.2.3 反应温度的影响

在沉锑后液为 200mL、Na_2S 过量系数为 1.0、Na_2SO_3 过量系数为 1.75、反应时间为 30min 的条件下，考察了反应温度为 30℃、40℃、50℃、60℃和 70℃对 Te 沉淀率和溶液中 Te 浓度的影响，实验结果如图 6-28 所示。

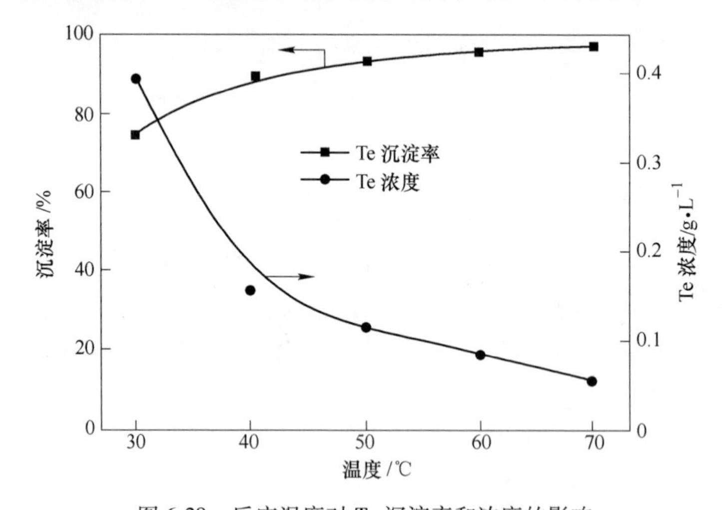

图 6-28 反应温度对 Te 沉淀率和浓度的影响

由图 6-28 可知，反应温度对 Na_2S-Na_2SO_3 沉淀 Te 的影响较大。随着反应温度的增加，Te 的沉淀率逐渐升高，当反应温度由 30℃增加至 60℃时，Te 的沉淀率由 73.01%升高至 94.12%，溶液中 Te 的浓度由 0.39g/L 降为 0.08g/L，这是因为升高反应温度，不仅利于克服反应过程所遇到的能量势垒，也有利于传质传热过程，从而提高 Te 的沉淀率。为了得到较高的 Te 沉淀效果，同时减少能量消耗，确定反应温度为 60℃。

6.2.2.4 反应时间的影响

在沉锑后液为 200mL、Na_2S 过量系数为 1.0、Na_2SO_3 过量系数为 1.75、反应温度为 60℃ 的条件下，考察了反应时间为 5min、10min、15min、30min 和 60min 对 Te 沉淀率和溶液中 Te 浓度的影响，实验结果如图 6-29 所示。

由图 6-29 可知，随着反应时间的延长，Te 沉淀率逐渐升高，溶液中 Te 的含

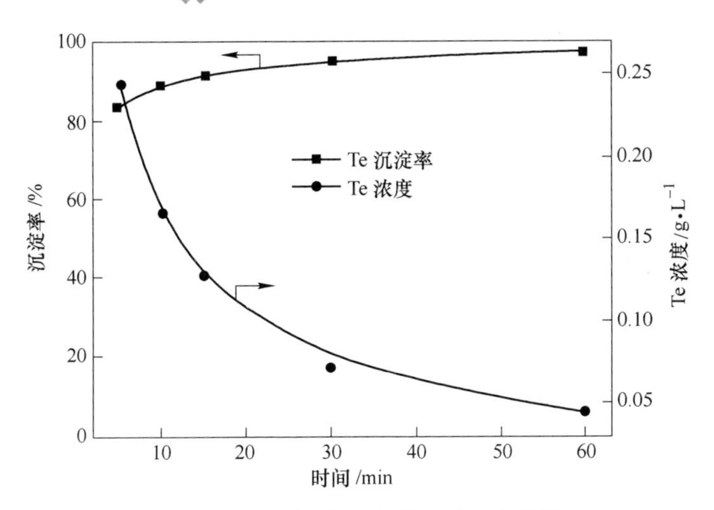

图 6-29 反应时间对 Te 沉淀率和浓度的影响

量逐渐降低，然后基本保持不变。当反应时间由 5min 延长至 30min 时，Te 沉淀率由 83.14%升高为 95.09%，溶液中 Te 浓度由 0.24g/L 降低为 0.07g/L，因为反应时间越长，Te 还原沉淀反应进行越彻底。当反应时间超过 30min 时，Te 的沉淀率基本不再变化，这是因为 Te 沉淀率反应基本已到达平衡。综合考虑较高的 Te 沉淀率和较短的生产周期，选择合适的反应时间为 30min。

6.2.2.5 综合实验

通过以上系列单因素实验研究，确定了 Na_2S-Na_2SO_3 沉淀沉锑后液中 Te 的优化工艺条件：Na_2S 过量系数为 1.0、Na_2SO_3 过量系数为 1.75、反应温度为 60℃、反应时间为 30min。在此优化工艺条件下，Te 的沉淀率达 95.09%，沉锑后液中 Te 的浓度由 1.45g/L 降为 0.07g/L。沉淀产物的主要化学组成见表 6-9，沉淀产物的 XRD 图谱和 SEM 照片如图 6-30 和图 6-31 所示。

表 6-9 Na_2S-Na_2SO_3 沉淀沉锑后液所得沉淀产物的主要化学组成

元素	Te	Bi	Na	Cu	Ca	Pb	Zn
质量分数/%	98.61	0.85	0.25	0.098	0.072	0.027	0.025

由表 6-9 可知，Na_2S-Na_2SO_3 沉淀沉锑后液所得沉淀产物中 Te 含量达 98.61%，其杂质元素主要为 Bi、Na、Cu、Ca、Pb 和 Zn，其含量均低于 1%。杂质元素含量可以通过草酸煮洗进一步降低，该粗碲可通过真空蒸馏方式进一步提高纯度。

由图 6-30 和图 6-31 可知，沉淀产物的衍射峰十分尖锐，与单质碲的标准衍射峰匹配得非常好，表明沉淀产物中 Te 主要以单质态碲的形式存在；其微观形

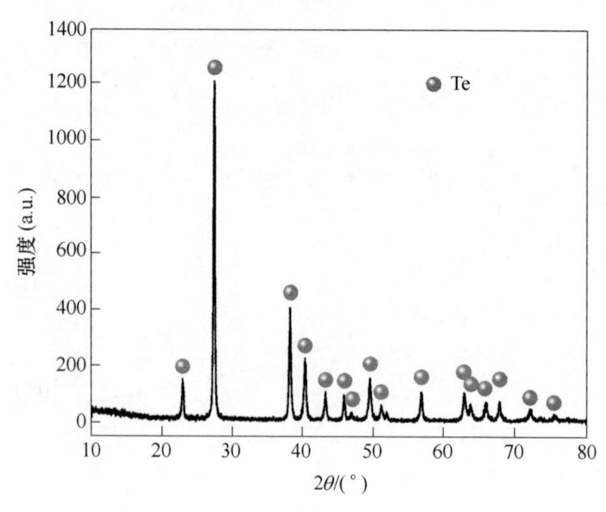

图 6-30 Na_2S-Na_2SO_3 沉淀沉锑后液所得沉淀产物 XRD 图谱

图 6-31 Na_2S-Na_2SO_3 沉淀沉锑后液所得沉淀产物 SEM 照片

貌为规整的针状，长度约为 5~10μm，直径约为 0.5μm。

6.2.3 硫化钠-亚硫酸钠还原沉淀后液处理探索

在 Na_2S-Na_2SO_3 还原处理沉锑后液过程中，为了保证较高的 Te 沉淀率，加入的亚硫酸钠为理论量的 1.75 倍，另外，由式（3-2）可知，还原沉碲过程产生 $Na_2S_2O_3$ 和 Na_2S，因此，还原沉淀后液中主要含 Na_2SO_3、$Na_2S_2O_3$、Na_2S 以及微量的 Te。采用 H_2O_2 氧化，使 Na_2SO_3、$Na_2S_2O_3$、Na_2S 等氧化为 Na_2SO_4，然后再蒸发结晶回收 Na_2SO_4。

Na_2S-Na_2SO_3 还原沉淀后液处理探索实验条件为：Na_2SO_3 还原沉 Te 后液 200mL、2 倍过量系数的 H_2O_2(30%)90mL、反应温度为常温、反应时间 2h、搅拌速度 300r/min。H_2O_2 氧化后，溶液颜色由浅黄色变为无色。然后量取 H_2O_2 氧化后液 200mL 加入 1000mL 烧杯中，将其放在电加热板上缓慢加热至溶液沸腾，然后继续加热至溶液中有固体产物析出，接着冷却结晶，最后过滤，干燥。对结晶产物进行 XRF、XRD 和 SEM 分析，结果见表 6-10、图 6-32 和图 6-33。

表 6-10 沉 Te 后液 H_2O_2 氧化-蒸发结晶产物 XRF 结果

元素	Na	O	S	Si	Al	Ca	Fe
质量分数/%	33.92	34.34	31.46	0.16	0.08	0.02	0.02

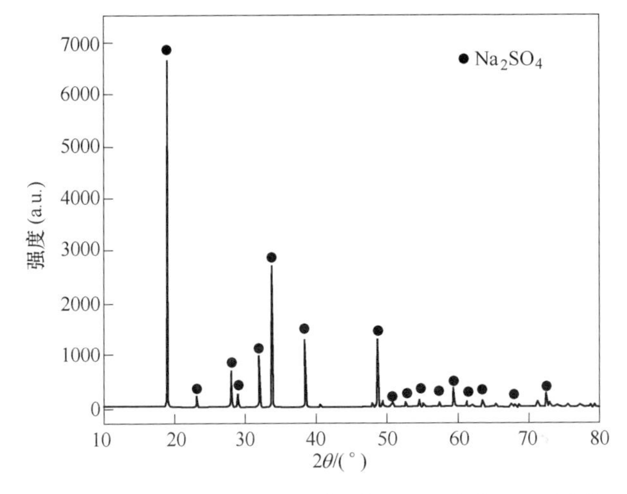

图 6-32 沉 Te 后液 H_2O_2 氧化-蒸发结晶产物 XRD 图谱

图 6-33 沉 Te 后液 H_2O_2 氧化-蒸发结晶产物 SEM 照片

由表6-10可知，沉Te后液结晶产物中主要含Na、S、O等元素，其质量分数分别为33.92%、31.46%、34.34%，除此之外，还含有微量的Si、Al、Ca、Fe等杂质。

由图6-32和图6-33可知，蒸发结晶产物的衍射峰十分尖锐，为纯净的单一物相、晶型完整的Na_2SO_4；其微观颗粒为不规则的长方体，但团聚较严重，分散性较差。

7 研究结果与展望

7.1 研究结果

本书以铜、铅阳极泥处理过程得到的含碲物料为原料，针对原料组成特点，在热力学计算和理论分析基础上，采用两段硫化钠浸出梯级分离含碲物料中的Te和Sb，一段硫化钠浸出液采用Na_2SO_3还原沉淀工艺回收Te，二段硫化钠浸出液采用H_2O_2氧化沉淀的工艺回收Sb并制备焦锑酸钠，沉Sb后液采用Na_2S-Na_2SO_3还原工艺回收剩余的Te，实现了含碲物料的高效、短流程的梯级分离提取。主要研究成果如下：

（1）详细考察了原料含碲物料组成的结构特征。研究了含碲物料化学组成和元素赋存状态，确定了原料的成分特征。含碲物料中所含有价金属种类较多，主要是Sb、Te、Pb、Na、Bi、Fe、Zn、Si和Al。含碲物料中主要物相为$NaSb(OH)_6$、Na_2TeO_3、Na_2TeO_4、PbO、Bi_2O_3、Fe_2O_3和ZnO。碲主要以Na_2TeO_3和Na_2TeO_4的形式存在，其所占的比例分别为60.31%和39.69%。

（2）对含碲物料梯级分离提取进行了全面的理论分析。计算并绘制了主要有价金属Te、Sb、Pb、Bi、Fe、Zn的Me-H_2O系和Me-S-H_2O系E-pH图，研究了各金属在硫化钠体系的浸出行为。结果表明，碲和锑在硫化钠体系中可转化为TeS_3^{2-}、TeS_4^{2-}和SbS_4^{3-}，Pb、Bi、Fe和Zn等转化为PbS、Bi_2S_3、FeS和ZnS。且Te转化为TeS_3^{2-}、TeS_4^{2-}的热力学趋势比Sb转化为SbS_4^{3-}的趋势更大，因此，可通过两段硫化钠浸出梯级分离含碲物料中的Te和Sb；基于溶液中Te和Sb的离子形态，设计了Na_2SO_3还原沉淀溶液中Te，H_2O_2氧化沉淀浸出液中Sb的工艺路线，并分析了分离机理。

（3）系统研究了含碲物料一段硫化钠浸出过程工艺条件，并明确了浸出过程Te和Sb的动力学特征。

通过单因素实验确定了含碲物料一段硫化钠浸出的适宜工艺条件：Na_2S浓度为40g/L、浸出温度为50℃、浸出时间为60min、液固比（mL/g）为8∶1。在此条件下，Te的浸出率达87.77%，而Sb、Pb、Bi、Fe和Zn的浸出率分别为0.81%、0.013%、0.027%、0.17%和0.04%，实现了含碲物料中Te的选择性高效分离。

浸出过程的动力学研究表明：一段硫化钠浸出过程Te和Sb的浸出行为符合

Avrami 动力学模型，Te 和 Sb 浸出反应的表观活化能分别为 17.96kJ/mol、59.42kJ/mol，Te 的浸出为混合控制，由表面化学反应步骤和内扩散步骤共同控制，Sb 的浸出为表面化学反应控制。Sb 浸出反应的活化能大于 Te 浸出反应的活化能，表明 Sb 浸出反应对温度的依赖程度显著大于 Te，通过控制浸出温度，可实现含碲物料中 Te 和 Sb 的梯级分离，明确了一段硫化钠浸出选择性分离含碲物料中碲的机理；Te 和 Sb 的浸出反应速率常数 k_{Te}、k_{Sb} 与 T 的关系式分别为：$k_{Te}=1.01\times10^3\times\exp(-2.160\times10^3/T)$ 和 $k_{Sb}=7.72\times10^7\times\exp(-7.148\times10^3/T)$。

（4）全面研究和优化了含碲物料二段硫化钠浸出过程的工艺条件，并阐释了 Te 和 Sb 的浸出动力学机制。

通过考察二段硫化钠浸出过程各因素对 Te 和 Sb 分离提取效果的影响，确定了一段硫化钠浸出渣中 Te 和 Sb 高效分离的最佳工艺条件：Na_2S 浓度为 200g/L、浸出温度为 80℃、液固比（mL/g）为 8∶1、浸出时间为 60min。在此条件下，Te 和 Sb 的浸出率分别为 94.91%、95.12%，而 Pb、Bi、Fe、Zn 等元素全部进入浸出渣中。含碲物料经过两段硫化钠浸出，Te 总的浸出率达 97.46%，Sb 的浸出率达 95.12%，而 Pb、Bi、Fe、Zn 等元素全部富集与浸出渣中，实现了含碲物料中 Te 和 Sb 的高效分离提取。

采用中心复合设计法，对二段硫化钠浸出过程进行了优化，构建了 Te 和 Sb 浸出效果与 Na_2S 浓度、浸出温度、浸出时间等三因素条件间的数学模型，并重点研究了三个因素在 Te 和 Sb 浸出过程中的交互影响关系，通过等值线叠加确定了 Te>90%、Sb>90% 的优化反应条件区域，后续验证实验表明响应曲面设计法对二段硫化钠浸出 Te 和 Sb 的过程具有良好的拟合、预测效果。

阐释了二段硫化钠浸出过程 Te 和 Sb 的浸出动力学机制。研究表明：二段硫化钠浸出过程 Te 和 Sb 的浸出行为符合 Avrami 动力学模型，可用 Avrami 方程很好地拟合。Te 和 Sb 浸出反应的表观活化能分别为 19.40kJ/mol、63.50kJ/mol，二段硫化钠浸出过程 Te 的浸出为混合控制，由化学反应步骤和内扩散步骤共同控制，Sb 的浸出为表面化学反应控制。二段硫化钠浸出过程中 Te 和 Sb 的浸出反应速率常数 k_{Te}、k_{Sb} 与 T 的关系式分别为：$k_{Te}=6.28\times10^2\times\exp(-2.328\times10^3/T)$ 和 $k_{Sb}=8.82\times10^8\times\exp(-7.640\times10^3/T)$。

（5）系统研究了一段硫化钠浸出液、二段硫化钠浸出液中 Te、Sb 的分离提取过程及机理：

1）一段硫化钠浸出液中碲的分离回收工艺及机理研究。采用 Na_2SO_3 还原沉淀一段硫化钠浸出液中的 Te。通过单因素实验系统考察了各因素对 Te 沉淀效果的影响，确定了 Na_2SO_3 还原沉淀 Te 的优化工艺条件：Na_2SO_3 过量系数为 2.0、反应温度 30℃、反应时间 30min。在此优化工艺条件下，Te 沉淀率达 98.84%，所得沉淀产物为分散性良好的针状单质态碲，纯度达 97.34%。

Na_2SO_3 还原沉淀一段硫化钠浸出液中碲过程的动力学研究表明：还原沉淀过程受内扩散控制，Te 还原沉淀的表观活化能为 3.56kJ/mol，Te 的还原沉淀反应常数 k_{Te} 与 T 的函数关系式分别为：$k_{Te}=4.16\times\exp(-4.285\times10^2/T)$。

采用电化学的方法研究 Na_2SO_3 还原沉淀 Te 的历程。研究结果表明，向一段硫化钠浸出液中加入 Na_2SO_3 时，首先进行 TeS_3^{2-} 被 Na_2SO_3 还原沉淀为碲单质的反应，然后再发生 TeS_4^{2-} 的还原沉淀反应。

2）二段硫化钠浸出液中 Sb、Te 的梯级分离回收工艺及机理研究。采用 H_2O_2 氧化沉淀选择性回收二段硫化钠浸出液中的 Sb。单因素实验结果表明：H_2O_2 氧化沉淀 Sb 的优化工艺条件为：H_2O_2 过量系数 1.5、反应温度 50℃、反应时间 100min。在此优化工艺条件下，Sb 的沉淀率达 98.93%，Te 的沉淀率几乎为零，所得沉淀产物为粒径均一、分散性良好的长方体 $NaSb(OH)_6$。

采用 Na_2S-Na_2SO_3 还原沉淀沉 Sb 后液中的 Te。研究结果表明，在 Na_2S 过量系数为 1.0，Na_2SO_3 过量系数为 1.75、反应温度为 60℃、反应时间为 30min 的条件下，Te 的沉淀率达 95.09%，所得沉淀产物为纯度 98.61%的粗碲。

采用等温溶解平衡法测定 Na_2TeO_4 在 NaOH 溶液中的平衡浓度。研究结果表明，相同 NaOH 浓度条件下，Na_2TeO_4 溶解度随温度的升高而升高；相同温度条件下，Na_2TeO_4 溶解度随溶液碱度的增加而先急剧下降，然后再逐渐增大。

3）采用 H_2O_2 氧化-蒸发结晶工艺分别处理 Na_2SO_3 还原沉淀一段硫化钠浸出液的溶液和 Na_2S-Na_2SO_3 还原沉淀沉 Sb 后液的溶液。结果表明，蒸发结晶产物都为纯净的单一物相、晶型完整的 Na_2SO_4。

7.2 展望

本书针对铜、铅阳极泥处理过程得到的含碲物料的特点，开发了两段硫化钠浸出梯级分离提取含碲物料中有价金属的新工艺。系统开展了相关理论分析及工艺研究，得出了一些有价值的研究结论，为含碲物料的高效短流程分离提取提供了理论依据和技术支持，由于实验条件及时间的限制，还有部分研究有待进一步深入和完善：

（1）从浸出液中还原沉淀的粗碲纯度为 95%~99%，需开展将粗碲纯度进一步提高的研究；

（2）开展现场扩大化试验研究，为本工艺的工业化应用提供完整、可靠的依据。

参 考 文 献

[1] 孙召明. 铜阳极泥中碲的回收与提纯及其基础理论研究 [D]. 长沙：中南大学，2012.

[2] Fthenakis V. Sustainability metrics for extending thin-film photovoltaics to terawatt levels [J]. MRS Bulletin，2012，37（4）：425~430.

[3] 陈亚州. 从铅阳极泥苏打渣中回收碲的机理研究 [D]. 赣州：江西理工大学，2014.

[4] 张殿彬. 从碲碱渣中回收碲的工艺研究 [D]. 昆明：昆明理工大学，2012.

[5] Mokmeli M，Dreisinger D，Wassink B. Modeling of selenium and tellurium removal from copper electrowinning solution [J]. Hydrometallurgy，2015，153：12~20.

[6] Mokmeli M，Dreisinger D，Wassink B. Thermodynamics and kinetics study of tellurium removal with cuprous ion [J]. Hydrometallurgy，2014，147：20~29.

[7] 冯振华. 碲铋矿湿法利用工艺研究 [D]. 成都：成都理工大学，2012.

[8] Chen Y W，Alzahrani A，Deng T L，et al. Valence properties of tellurium in different chemical systems and its determination in refractory environmental samples using hydride generation-atomic fluorescence spectroscopy [J]. Analytica Chimica Acta，2016，905：42~50.

[9] Cao W，Wang L，Xu H. Selenium/tellurium containing polymer materials in nanobiotechnology [J]. Nano Today，2015，10（6）：717~736.

[10] 赵天从，何福煦. 有色金属冶金手册（有色金属总论）[M]. 北京：冶金工业出版社，1992：178.

[11] Belzile N，Chen Y W. Tellurium in the environment：A critical review focused on natural waters，soils，sediments and airborne particles [J]. Applied Geochemistry，2015，63：83~92.

[12] 沈华生. 稀散金属冶金学 [M]. 上海：上海人民出版社，1976：149~152.

[13] 姚风仪，郭德威，扬明德. 无机化学丛书　第五卷 [M]. 北京：科学出版社，1998：375~392.

[14] Geary D L，Myers R C，Nachreiner D J，et al. Tellurium and tellurium dioxide：single endotracheal injection to rats [J]. American Industrial Hygiene Association Journal，1978，39（2）：100~109.

[15] 胡莉萍，吕晶，彭开良，等. 碲及其化合物的毒性研究进展 [J]. 卫生毒理学杂志，2002，16（2）：120~122.

[16] 周令治. 稀散金属冶金 [M]. 北京：冶金工业出版社，1988：113.

[17] Deng Z，Zhang Y，Yue J，et al. Green and orange CdTe quantum dots as effective pH-sensitive fluorescent probes for dual simultaneous and independent detection of viruses [J]. The Journal of Physical Chemistry B，2007，111（41）：12024~12031.

[18] Munshi A，Sampath W. CdTe photovoltaics for sustainable electricity generation [J]. Journal of Electronic Materials，2016，45（9）：4612~4619.

[19] Marwede M，Reller A. Future recycling flows of tellurium from cadmium telluride photovoltaic waste [J]. Resources，Conservation and Recycling，2012，69：35~49.

[20] Fthenakis V M. Life cycle impact analysis of cadmium in CdTe PV production [J]. Renewable and Sustainable Energy Reviews, 2004, 8 (4): 303~334.

[21] Rudnik E, Kozłowski J. Electrochemical studies on the codeposition of copper and tellurium from acidic nitrate solution [J]. Electrochimica Acta, 2013, 107: 103~110.

[22] Wang S. Tellurium, its resourcefulness and recovery [J]. JOM, 2011, 63 (8): 90~93.

[23] Kim S H, Park B K. Solvothermal synthesis of Bi_2Te_3 nanotubes by the interdiffusion of Bi and Te metals [J]. Materials Letters, 2010, 64 (8): 938~941.

[24] Arab F, Mousavi-Kamazani M, Salavati-Niasari M. Facile sonochemical synthesis of tellurium and tellurium dioxide nanoparticles: Reducing Te (Ⅳ) to Te via ultrasonic irradiation in methanol [J]. Ultrasonics sonochemistry, 2017, 37: 335~343.

[25] Ali S T, Prasad D S, Munirathnam N R, et al. Purification of tellurium by single-run multiple vacuum distillation technique [J]. Separation and Purification Technology, 2005, 43 (3): 263~267.

[26] Li H, Wang K, Zhou H, et al. Tellurium-tin based electrodes enabling liquid metal batteries for high specific energy storage applications [J]. Energy Storage Materials, 2018, 14: 267~271.

[27] 易馨．低品位碲矿生物浸出液中碲的形态分析及氧化性碲的生物还原研究 [D]. 成都：成都理工大学，2016.

[28] 许志鹏，李栋，郭学益．碲的分离提取工艺研究进展 [J]. 金属材料与冶金工程，2014，42 (2)：3~7.

[29] Mousavi-Kamazani M, Rahmatolahzadeh R, Shobeiri S A, et al. Sonochemical synthesis, formation mechanism, and solar cell application of tellurium nanoparticles [J]. Ultrasonics Sonochemistry, 2017, 39: 233~239.

[30] 袁武华，王峰．国内外易切削钢的研究现状和前景 [J]. 钢铁研究，2008，36 (5)：56~57.

[31] Moscoso-Pérez C, Moreda-Piñeiro J, López-Mahía P, et al. As, Bi, Se (Ⅳ), and Te (Ⅳ) determination in acid extracts of raw materials and by-products from coal-fired power plants by hydride generation-atomic fluorescence spectrometry [J]. Atomic Spectroscopy, 2004, 25 (5): 211~216.

[32] Akasawa T, Sakurai H, Nakamura M, et al. Effects of free-cutting additives on the machinability of austenitic stainless steels [J]. Journal of Materials Processing Technology, 2003, 143: 66~71.

[33] 李涛，洪晓先，张梅．铅、碲对灰铸铁金相组织与性能的影响 [J]. 现代铸铁，2002 (3)：12~16.

[34] Gobinath V M, Annamalai K. Experimental investigation on chilled cast iron tappet manufacturing processes parameters [J]. Materials and Manufacturing Processes, 2018, 33 (4): 474~478.

[35] Angus H T. Cast Iron: Physical and Engineering Properties [M]. Elsevier, 2013.

[36] Devulder W, Opsomer K, Seidel F, et al. Influence of carbon alloying on the thermal stability and resistive switching behavior of copper-telluride based CBRAM cells [J]. ACS Applied Materials & Interfaces, 2013, 5 (15): 6984~6989.

[37] Naumov A V. Selenium and tellurium: state of the markets, the crisis, and its consequences [J]. Metallurgist, 2010, 54 (3): 197~200.

[38] 张美娟，陈亮，亚斌，等. 镁和碲元素含量对导电铜合金性能影响的研究 [C] //第七届中国功能材料及其应用学术会议论文集（第4分册），2010.

[39] Hein J R, Conrad T A, Staudigel H. Seamount mineral deposits: a source of rare metals for high-technology industries [J]. Oceanography, 2010, 23 (1): 184~189.

[40] Yamini S A, Wang H, Gibbs Z M, et al. Thermoelectric performance of tellurium-reduced quaternary p-type lead-chalcogenide composites [J]. Acta Materialia, 2014, 80: 365~372.

[41] Kirk R E, Othmer D F. Encyclopedia of Chemical Technology [M]. 3rd Editon New York: John Wiley and Son, 1983, 11: 604~620, 791~802.

[42] Hong-bin C. Iron Removal from Acidic Leaching Solution of Co White Alloy by Goethite Process [J]. Metal Materials and Metallurgy Engineering, 2012, 4: 27~29.

[43] Zhai D, Liu J. Gold-telluride-sulfide association in the Sandaowanzi epithermal Au-Ag-Te deposit, NE China: implications for phase equilibrium and physicochemical conditions [J]. Mineralogy and Petrology, 2014, 108 (6): 853~871.

[44] Gan X, Zheng X, Wu Y, et al. GaAs tunnel junction grown using tellurium and magnesium asdopants by solid-state molecular beam epitaxy [J]. Japanese Journal of Applied Physics, 2014, 53 (2): 021201.

[45] Fehr M A, Rehkámper M, Halliday A N, et al. Tellurium isotope compositions of calcium-aluminum-rich inclusions [J]. Meteoritics & Planetary Science, 2009, 44 (7): 971~984.

[46] Taniguchi N. Copper-catalyzed chalcogenation of aryl iodides via reduction of chalcogen elements by aluminum or magnesium [J]. Tetrahedron, 2012, 68 (51): 10510~10515.

[47] Shevchenko E V, Talapin D V, Schnablegger H, et al. Study of nucleation and growth in the organometallic synthesis of magnetic alloy nanocrystals: the role of nucleation rate in size control of $CoPt_3$ nanocrystals [J]. Journal of the American Chemical Society, 2003, 125 (30): 9090~9101.

[48] 丘坤元. 自由基聚合近20年的发展 [J]. 高分子通报，2008，(7): 15~29.

[49] 周令治，陈少纯. 稀散金属提取冶金 [M]. 北京：冶金工业出版社，2008.

[50] 张国成，黄文梅. 有色金属进展（1996~2005）（第五卷有色金属和贵金属）[M]. 长沙：中南大学出版社，2007: 546~555.

[51] 陈少纯，顾珩，高远，等. 稀散金属产业的观察与思考 [J]. 材料研究与应用，2009，3 (4): 216~222.

[52] Razykov T M, Ferekides C S, Morel D, et al. Solar photovoltaic electricity: Current status and

future prospects [J]. Solar Energy, 2011, 85 (8): 1580~1608.

[53] Amatya R, Ram R J. Trend for thermoelectric materials and their earth abundance [J]. Journal of Electronic Materials, 2012, 41 (6): 1011~1019.

[54] 王曼霞，赵稼祥．国外红外材料的现状与展望 [J]. 宇航材料工艺，1996 (3): 1~6.

[55] Saxena P K. Modeling and simulation of HgCdTe based p^+-n-n^+ LWIR photodetector [J]. Infrared Physics & Technology, 2011, 54 (1): 25~33.

[56] El-Mallawany R A H. Tellurite Glasses Handbook: Physical Properties and Data [M]. CRC Press, 2016.

[57] Babu S S, Rajeswari R, Jang K, et al. Spectroscopic investigations of 1.06μm emission in Nd^{3+}-doped alkali niobium zinc tellurite glasses [J]. Journal of Luminescence, 2010, 130 (6): 1021~1025.

[58] Babu A M, Jamalaiah B C, Suhasini T, et al. Optical properties of Eu^{3+} ions in lead tungstate tellurite glasses [J]. Solid State Sciences, 2011, 13 (3): 574~578.

[59] Zhang Q Y, Feng Z M, Yang Z M, et al. Energy transfer and infrared-to-visible upconversion luminescence of Er^{3+}/Yb^{3+}-codoped halide modified tellurite glasses [J]. Journal of Quantitative Spectroscopy and Radiative Transfer, 2006, 98 (2): 167~179.

[60] Zhang R, Lin H, Yu Y, et al. A new-generation color converter for high-power white LED: transparent Ce^{3+}: YAG phosphor-in-glass [J]. Laser & Photonics Reviews, 2014, 8 (1): 158~164.

[61] Engman L, Al-Maharik N, McNaughton M, et al. Thioredoxin reductase and cancer cell growth inhibition by organotellurium antioxidants [J]. Anti-Cancer Drugs, 2003, 14 (2): 153~161.

[62] 郑景熙，张俊德，严定安，等．有机碲化合物（AS_{101}）抑制白血病细胞增殖的效应 [J]. 南方医科大学学报，1993，(3): 268.

[63] Andersson C M, Brattsand R, Hallberg A, et al. Diaryl tellurides as inhibitors of lipid peroxidation in biological and chemical systems [J]. Free Radical Research, 1994, 20 (6): 401~410.

[64] Kudelin B K, Gromova E A, Gavrilina L V, et al. Purification of recovered tellurium dioxide for re-use in iodine radioisotope production [J]. Applied Radiation and Isotopes, 2001, 54 (3): 383~386.

[65] Kelly T, Matos G, DiFrancesco C, et al. Historical statistics for mineral and material commodities in the United States [R]. US Geological Survey, 2005.

[66] Harrison R G, Al-Watban F A, Pidgeon C R. High efficiency frequency doubling in tellurium of 12.8μm laser radiation [J]. Optics Communications, 1977, 23 (3): 385~388.

[67] Norton G A, Groat C G. Mineral commodity summaries 2002 [R]. US Geological Survey, 2002.

[68] Kempthorne D, Myers M D. Mineral commodity summaries 2007 [R]. US Geological Survey, 2007.

[69] Salazar K, McNutt M. Mineral commodity summaries 2012 [R]. US Geological Survey, 2012.

[70] Jewell S, Kimball, S M. Mineral commodity summaries 2017 [R]. US Geological Survey, 2017.
[71] Zinke R K, Werkheiser W H. Mineral commodity summaries 2018 [R]. US Geological Survey, 2018.
[72] Kathawa J, Fry C, Thoennessen M. Discovery of palladium, antimony, tellurium, iodine, and xenon isotopes [J]. Atomic Data and Nuclear Data Tables, 2013, 99 (1): 22~52.
[73] Chizhikov D M, Shchastlivyi V P. Tellurium and Tellurides [M]. London: Collets, 1970.
[74] Irgolic K J. The Organic Chemistry of Tellurium [M]. Gordon & Breach Publishing Group, 1974.
[75] Kavlak G, Graedel T E. Global anthropogenic tellurium cycles for 1940~2010 [J]. Resources, Conservation and Recycling, 2013, 76: 21~26.
[76] 骆耀南，曹志敏. 四川发现世界首例独立碲矿床 [J]. 中国地质，1994 (2): 27~29.
[77] Bortnikov N S, Kramer K H, Genkin A D, et al. Paragenesis of gold and silver tellurides in the Florencia deposit, Cuba [J]. International Geology Review, 1988, 30 (3): 294~306.
[78] 钱汉东，陈武. 碲矿物综述 [J]. 高校地质学报，2000, 6 (2): 178~187.
[79] Parnell J, Spinks S, Brolly C. Tellurium and selenium in Mesoproterozoic red beds [J]. Precambrian Research, 2018, 305: 145~150.
[80] Gao S, Xu H, Li S, et al. Hydrothermal alteration and ore-forming fluids associated with gold-tellurium mineralization in the Dongping gold deposit, China [J]. Ore Geology Reviews, 2017, 80: 166~184.
[81] Fornadel A P, Spry P G, Haghnegahdar M A, et al. Stable Te isotope fractionation in tellurium-bearing minerals from precious metal hydrothermal ore deposits [J]. Geochimica et Cosmochimica Acta, 2017, 202: 215~230.
[82] 王培良. 世界碲资源及其提取回收和应用 [J]. 世界有色金属，2013 (12): 62~63.
[83] Ober J A. Mineral Commodity Summaries 2018 [R]. US Geological Survey, 2018.
[84] 邢翔，郭建秋. 碲的应用及其资源分布 [J]. 矿产保护与利用，2009 (3): 19~22.
[85] 谢明辉，王兴明，陈后兴，等. 碲的资源，用途与提取分离技术研究现状 [J]. 四川有色金属，2005 (1): 5~8.
[86] 薛良伟，柴世刚，朱嘉伟，等. 小秦岭金矿伴生碲资源研究 [J]. 矿产保护与利用，2004 (2): 42~45.
[87] Matusiewicz H, Krawczyk M. Determination of tellurium by hydride generation with in situ trapping flame atomic absorption spectrometry [J]. Spectrochimica Acta Part B: Atomic Spectroscopy, 2007, 62 (3): 309~316.
[88] 陈邦彦. 大洋海山铁锰结壳中钼、铊、碲的赋存形式 [J]. 海洋地质动态，2008, 24 (5): 17~18.
[89] 李傲仙，李延河，乐国良. 深海沉积物中碲异常的成因 [J]. 地球学报，2005, 26 (9): 186~189.
[90] 杨兴文. 不同价态含碲物料的湿法回收 [J]. 有色冶炼，1997, 26 (6): 11~12.

[91] 程琍琍，李啊林．碲的分离提纯技术研究进展 [J]．稀有金属，2008，32（1）：115~120.

[92] Cornelis G，Poppe S，Gerver T V，et al. Geochemical modeling of arsenic and selenium leaching in alkaline water treatment sludge from the production of non-ferrous metals [J]. Journal of Hazardous Materials，2008，159：271~279.

[93] 谢红艳，王吉坤，路辉．从铜阳极泥中回收碲研究现状 [J]．湿法冶金，2010，29（3）：143~146.

[94] 谢明辉，王兴明，陈后兴，等．碲的资源、用途与提取分离技术研究现状 [J]．四川有色金属，2005（1）：5~8.

[95] 钟勇．从高含硒、碲和贵金属富料中分离提取硒、碲研究 [D]．昆明：昆明理工大学，2010.

[96] 钟勇．从某富料分离碲和贵金属的试验研究 [J]．矿冶，2011，20（2）：79~81.

[97] 郑春到，张伟旗．从高铜碲渣中提取碲的实验研究 [J]．金属世界，2017（3）：65~68.

[98] Zheng Y，Chen K. Leaching kinetics of selenium from selenium-tellurium-rich materials in sodium sulfite solutions [J]. Transactions of Nonferrous Metals Society of China，2014，24（2）：536~543.

[99] House J E，House K A. Descriptive Inorganic Chemistry [M]. Academic Press，2015.

[100] 王吉坤，张博亚．铜阳极泥现代综合利用技术 [M]．北京：冶金工业出版社，2008.

[101] 邱亚丽．从铜沉淀渣中回收硒、铜、碲试验研究 [J]．湿法冶金，2017，36（6）：476~478.

[102] 张伟旗，郑春到．锑铋碲合金粉提取碲的研究及应用 [J]．金属世界，2017（2）：50~54.

[103] 王俊娥．铜碲渣中碲的回收工艺研究 [J]．有色金属：冶炼部分，2017（8）：44~46.

[104] 王俊娥，张焕然，衷水平，等．从碲化亚铜渣中回收碲 [J]．有色金属（冶炼部分），2016（2）：46~48.

[105] 杨天足．贵金属冶金及产品深加工 [M]．长沙：中南大学出版社，2005：368~369.

[106] Lu D，Chang Y，Yang H，et al. Sequential removal of selenium and tellurium from copper anode slime with high nickel content [J]. Transactions of Nonferrous Metals Society of China，2015，25（4）：1307~1314.

[107] 陈海军．碲渣提取精碲的生产实践 [J]．中国有色冶金，2014，43（2）：40~42.

[108] Ramos-Ruiz A，Wilkening J V，Field J A，et al. Leaching of cadmium and tellurium from cadmium telluride（CdTe）thin-film solar panels under simulated landfill conditions [J]. Journal of hazardous materials，2017，336：57~64.

[109] 方锦，王少龙，付世继．从碲渣中回收碲的工艺研究 [J]．材料研究与应用，2009，3（3）：204~206.

[110] 何从行．碲渣综合回收工艺研究 [J]．有色冶炼，2001（1）：41~42.

[111] 吴远桂，谈定生．从碲渣中提取二氧化碲的试验研究 [J]．上海有色金属，2012，33

(2): 59~61.

[112] 符世继，李宗兴，王少龙，等．从碱渣中提取碲的工艺研究 [J]. 稀有金属，2011，35 (1): 124~129.

[113] 王少锋，汪琼，杨静静，等．碱浸提取碲的工艺研究 [J]. 浙江理工大学学报，2013，30 (2): 254~256.

[114] 钱俊杰，杨易，俞鹰，等．粗碲化铜碱浸工艺实验研究 [J]. 广州化工，2018，46 (2): 66~68.

[115] 彭映林，马亚赟，张福元，等．双氧水氧化碱浸分离铂钯精矿中硒碲热力学及实验研究 [J]. 中国有色金属学报，2017 (2): 430~438.

[116] Rhee K I, Lee C K, Ha Y C, et al. Tellurium recovery from cemented tellurium with minimum waste disposal [J]. Hydrometallurgy, 1999, 53 (2): 189~201.

[117] Fan Y, Yang Y, Xiao Y, et al. Recovery of tellurium from high tellurium-bearing materials by alkaline pressure leaching process: Thermodynamic evaluation and experimental study [J]. Hydrometallurgy, 2013, 139: 95~99.

[118] 祝志兵．碲铜复杂原料中碲回收工艺研究 [J]. 铜业工程，2010 (3): 49~51.

[119] Haffmann J E. Recovery of selenium and tellurium from copper slime anode [J]. JOM, 1989, 6: 33~38.

[120] 郑雅杰，乐红春，孙召明．铜阳极泥处理过程中中和渣中碲的提取与制备 [J]. 中国有色金属学报，2012，22 (8): 2360~2365.

[121] 赖建林，杨兴文．从碲电积阳极泥中回收碲 [J]. 稀有金属，2000，24 (3): 234~237.

[122] 刘建华，王瑞祥．从铜阳极泥综合渣中浸出碲的研究 [J]. 中国有色冶金，2008，(1): 48~50.

[123] 陈昆昆，郑雅杰．采用 H_2SO_4-H_2O_2溶液从含贵金属的富碲渣中选择性提取碲 [J]. 稀有金属，2013，37 (6): 946~951.

[124] 郭学益，许志鹏，李栋，等．基于 AOP 协同氧化浸出碲渣中的碲和有价金属 [J]. 中国有色金属学报，2018，28 (1): 167~174.

[125] 张博亚，王吉坤，彭金辉．加压酸浸从铜阳极泥中脱除碲的研究 [J]. 有色金属，冶炼部分，2007 (4): 27~29.

[126] 刘朝辉．碲精矿氯化提碲工艺的研究——第二届全国重冶新技术新工艺成果交流推广应用会论文集 [C]，2005，306~309.

[127] 胡意文，何强．复杂稀贵金属物料的氯化浸出实验研究 [J]. 铜业工程，2016 (2): 58~60.

[128] 吴萍，马宠，李华伦．从铋碲精矿分离回收铋碲的新工艺 [J]. 矿产综合利用，2002 (6): 22~24.

[129] 蒋新宇．从铋碲矿中分离碲的新技术 [J]. 稀有金属与硬质合金，2000 (3): 8~10.

[130] 刘伟渊．复杂铜碲物料浸出工艺研究 [J]. 铜业工程，2009 (2): 22~23.

[131] 刘兴芝，宋玉林．碲化铜法回收碲的物理化学原理［J］．广东有色金属学报，2002，12：55~58.

[132] Shibasaki T, Abe K, Takeuchi H. Recovery of tellurium from decopperizing leach solution of copper refinery slimes by a fixed bed reactor [J]. Hydrometallurgy, 1992, 29 (1~3): 399~412.

[133] Charles P, Hannaert P. Fluid-bed cementation of selenium contained in a copper electrolyte [J]. Paper From Copper Metallurgy, Aime, New York. 1970, 240~259.

[134] Wang S, Wesstrom B, Fernandez J. A novel process for recovery of Te and Se from copper slimes autoclave leach solution [J]. Journal of Minerals and Materials Characterization and Engineering, 2003, 2 (01): 53.

[135] 王俊娥，张焕然，衷水平，等．碲化亚铜沉淀工艺优化及生产实践［J］．有色金属：冶炼部分，2018（3）：45~48.

[136] 胡意文，何强，王日，等．铂钯置换后液中碲的还原反应研究［J］．有色金属：冶炼部分，2016（9）：35~38.

[137] 董竑君，蒋训雄，范艳青，等．二氧化硫还原沉淀粗碲的研究［J］．有色金属：冶炼部分，2014（9）：55~58.

[138] 郑雅杰，孙召明．催化还原法从含碲硫酸铜母液中回收碲的工艺研究［J］．中南大学学报：自然科学版，2010，41（6）：2109~2114.

[139] Hoh Y C, Chang C C, Cheng W L, et al. The separation of selenium from tellurium in hydrochloric acid media by solvent extraction with tri-butyl phosphate [J]. Hydrometallurgy, 1983, 9 (3): 381~392.

[140] 冯振华，安莲英，刘晓元．用溶剂萃取法从碲铋矿盐酸浸出液中分离碲（Ⅳ）与铁（Ⅲ）的试验研究［J］．湿法冶金，2012，31（3）：165~169.

[141] Mandal D K, Bhattacharya B, Das R D. Recovery of tellurium from chloride media using tri-iso-octylamine [J]. Separation and purification technology, 2004, 40 (2): 177~182.

[142] Yu H, Chu Y, Zhang T, et al. Recovery of tellurium from aqueous solutions by adsorption with magnetic nanoscale zero-valent iron (NZVFe) [J]. Hydrometallurgy, 2018, 177: 1~8.

[143] Pridachin D N, Yakushev M V, Sidorov Y G, et al. A study of tellurium adsorption processes on silicon by ellipsometry, RHEED and AES methods [J]. Applied Surface Science, 1999, 142 (1~4): 485~489.

[144] Zhou X, Wang C, Huang H, et al. Extensive adsorption of the lighter homologue tellurium of polonium from wastewater using porous silver layer deposited stainless steel mesh [J]. Progress in Nuclear Energy, 2017, 98: 285~292.

[145] Rajwade J M, Paknikar K M. Bioreduction of tellurite to elemental tellurium by Pseudomonas mendocina MCM B-180 and its practical application [J]. Hydrometallurgy, 2003, 71 (1~2): 243~248.

[146] 张亮，何晓红，张礼霞，等．一株假单胞菌 MBR 对亚碲酸钠的好氧还原特征［J］．应

用与环境生物学报，2011，17（1）：126~129.

[147] Ruck M, Locherer F. Reprint of "Coordination chemistry of homoatomic ligands of bismuth, selenium and tellurium" [J]. Coordination Chemistry Reviews, 2015, 297: 208~217.

[148] Sredni B. Immunomodulating tellurium compounds as anti-cancer agents [C] //Seminars in cancer biology. Academic Press, 2012, 22 (1): 60~69.

[149] Christie A B, Sutherland I, Walls J M. Studies of the composition, ion-induced reduction and preferential sputtering of anodic oxide films on $Hg_{0.8}Cd_{0.2}Te$ by XPS [J]. Surface Science, 1983, 135 (1~3): 225~242.

[150] Ricco A J, White H S, Wrighton M S. X-ray photoelectron and Auger electron spectroscopic study of the CdTe surface resulting from various surface pretreatments: Correlation of photoelectrochemical and capacitance-potential behavior with surface chemical composition [J]. Journal of Vacuum Science & Technology A: Vacuum, Surfaces, and Films, 1984, 2 (2): 910~915.

[151] Wagner C D. Chemical shifts of Auger lines, and the Auger parameter [J]. Faraday Discussions of the Chemical Society, 1975, 60: 291~300.

[152] Morgan W E, VanWazer J R. Binding energy shifts in the x-ray photoelectron spectra of a series of related Group Ⅳa compounds [J]. The Journal of Physical Chemistry, 1973, 77 (7): 964~969.

[153] Bertrand P A, Fleischauer P D. X-ray photoelectron spectroscopy study of the surface adsorption of lead naphthenate [J]. Journal of Vacuum Science and Technology, 1980, 17 (6): 1309~1314.

[154] Morgan W E, Stec W J, Van Wazer J R. Inner-orbital binding-energy shifts of antimony and bismuth compounds [J]. Inorganic Chemistry, 1973, 12 (4): 953~955.

[155] Mills P, Sullivan J L. A study of the core level electrons in iron and its three oxides by means of X-ray photoelectron spectroscopy [J]. Journal of Physics D: Applied Physics, 1983, 16 (5): 723.

[156] Dake L S, Baer D R, Zachara J M. Auger parameter measurements of zinc compounds relevant to zinc transport in the environment [J]. Surface and Interface analysis, 1989, 14 (1~2): 71~75.

[157] 马荣骏．湿法冶金原理［M］．北京：冶金工业出版社，2007.

[158] Dean J A. 兰式化学手册［M］．魏俊发，译．北京：科学出版社，2003.

[159] 叶大伦，胡建华．实用无机物热力学数据手册［M］．第2版．北京：冶金工业出版社，2002.

[160] Pourbaix M. Atlas of electrochemical equilibria in aqueus solutions [M]. New York, 1966.

[161] Mills K C. Thermodynamic data for inorganic sulphides, selenides and tellurides [M]. Butterworths, London, 1974.

[162] Rudnik E, Biskup P. Electrochemical studies of lead telluride behavior in acidic nitrate solu-

tions [J]. Archives of Metallurgy and Materials, 2015, 60 (1): 95~100.

[163] McPhail D C. Thermodynamic properties of aqueous tellurium species between 25 and 350℃ [J]. Geochimica et Cosmochimica Acta, 1995, 59 (5): 851~866.

[164] Feigl F. Chemistry of Specific, Selective and Sensitive Reactions [M]. New York: Academic Press Inc., 1949.

[165] Mellor J W. A Comprehensive Treatise on Inorganic and Theoretical Chemistry [M]. Longmans, 1970.

[166] Tang M, Zhao T. A thermodynamic study on the basic and negative potential fields of the systems of Sb-S-H_2O and Sb-Na-S-H_2O [J]. Journal for Central-South Institute of Mining and Metallurgy, 1988: 35~43.

[167] 林传仙. 矿物及有关化合物热力学数据手册 [M]. 北京: 科学出版社, 1985.

[168] 张杜超. 碱性加压氧化分离硫化铋精矿中钨钼与铋的研究 [D]. 中南大学, 2012.

[169] 巴伦, 乃良, 四通, 等. 纯物质热化学数据手册 [M]. 北京: 科学出版社, 2003.

[170] Hageman A M. A contribution to the chemistry of tellurium sulfide [J]. Journal of the American Chemical Society, 1919, 41 (3): 329~341.

[171] 刘政忠. 提高碲的回收率 [J]. 有色金属 (冶炼部分), 1964, 4: 014.

[172] Baral A, Sarangi C K, Tripathy B C, et al. Copper electrodeposition from sulfate solutions—Effects of selenium [J]. Hydrometallurgy, 2014, 146: 8~14.

[173] Fan Y, Yang J, Jiang L, et al. Effects of illumination on the electrochemical behavior of selenium electrodeposition on ITO substrates [J]. Journal of The Electrochemical Society, 2017, 164 (4): H225~H231.

[174] Yu B C, Kim S K, Sohn J S, et al. Electrochemical behaviour and electrowinning of rhodium in acidic chloride solution [J]. Journal of Applied Electrochemistry, 2014, 44 (6): 741~745.

[175] Jin W, Su J, Chen S, et al. Efficient electrochemical recovery of fine tellurium powder from hydrochloric acid media via mass transfer enhancement [J]. Separation and Purification Technology, 2018, 203: 117~123.

[176] Zhong J, Wang G, Fan J, et al. Optimization of process on electrodeposition of 4N tellurium from alkaline leaching solutions [J]. Hydrometallurgy, 2018, 176: 17~25.

[177] Duchao Z, Qingkai X, Weifeng L, et al. Pressure oxidation of sodium thioantimonite solution to prepare sodium pyroantimonate [J]. Hydrometallurgy, 2015, 151: 91~97.

[178] Yang T, Ling H, Zhang D, et al. Optimization of pressure oxidation process to prepare sodium pyroantimonate from sodium thioantimonite solution [J]. International Journal of Mineral Processing, 2017, 166: 37~44.

[179] Yang T, Rao S, Liu W, et al. A selective process for extracting antimony from refractory gold ore [J]. Hydrometallurgy, 2017, 169: 571~575.

[180] 易宇, 石靖, 田庆华, 等. 高砷烟尘碱浸渣制备焦锑酸钠的新工艺 [J]. 中国有色金属

学报，2015，25（1）：241~249.

[181] Aydogan S，Aras A，Canbazoglu M. Dissolution kinetics of sphalerite in acidic ferric chloride leaching [J]. Chemical Engineering Journal，2005，114（1~3）：67~72.

[182] 张淑华，李涛，朱炳辰，等. 三相机械搅拌反应器气液传质 [J]. 化工学报，2005，56（2）：220~226.

[183] Hanafi Z M，Ismail F M. Colour problem of antimony trisulphide [J]. Zeitschrift für Physikalische Chemie，1970，244（1）：219~225.

[184] Langer D W，Vesely C J. Electronic core levels of zinc chalcogenides [J]. Physical Review B，1970，2（12）：4885.

[185] Deroubaix G，Marcus P. X-ray photoelectron spectroscopy analysis of copper and zinc oxides and sulphides [J]. Surface and Interface Analysis，1992，18（1）：39~46.

[186] Binder H. Application of X-ray photoelectron spectroscopy to the elucidation of the bonding in iron-sulfur compounds [J]. Z Naturforsch，Tell B，1973，28：255~262.

[187] Orhan G. Leaching and cementation of heavy metals from electric arc furnace dust in alkaline medium [J]. Hydrometallurgy，2005，78（3）：236~245.

[188] Xiao Q，Chen Y，Gao Y，et al. Leaching of silica from vanadium-bearing steel slag in sodium hydroxide solution [J]. Hydrometallurgy，2010，104（2）：216~221.

[189] 隋丽丽，翟玉春. 硫酸氢铵焙烧高钛渣的溶出动力学研究 [J]. 材料导报，2013，27（18）：137~140.

[190] Avrami M. Kinetics of phase change. Ⅰ General theory [J]. The Journal of Chemical Physics，1939，7（12）：1103~1112.

[191] Rodriguez M，Quiroga O，Ruiz M C. Kinetic study of ferrocolumbite dissolution in hydrofluoric acid medium [J]. Hydrometallurgy，2007，85（2~4）：87~94.

[192] Zhang R，Ma S，Yang Q，et al. Research on $NaCaHSiO_4$ decomposition in sodium hydroxide solution [J]. Hydrometallurgy，2011，108（3~4）：205~213.

[193] 李洪桂. 湿法冶金 [M]. 长沙：中南大学出版社. 1998：21~25.

[194] 赵天从. 锑 [M]. 北京：冶金工业出版社，1987：552~573.

[195] 杜新玲. 从锑酸钠制备硫代锑酸锑的工艺研究 [D]. 长沙：中南大学，2010.

[196] Tian Q，Wang H，Xin Y，et al. Ozonation leaching of a complex sulfidic antimony ore in hydrochloric acid solution [J]. Hydrometallurgy，2016，159：126~131.

[197] Tian Q，Wang H，Xin Y，et al. Effect of selected parameters on stibnite concentrates leaching by ozone [J]. Hydrometallurgy，2016，165：295~299.

[198] Guo X，Yu Y I，Jing S H I，et al. Leaching behavior of metals from high-arsenic dust by $NaOH-Na_2S$ alkaline leaching [J]. Transactions of Nonferrous Metals Society of China，2016，26（2）：575~580.

[199] Jadhav S V，Pangarkar V G. Particle-liquid mass transfer in mechanically agitated contactors [J]. Industrial & Engineering Chemistry Research，1991，30（11）：2496~2503.

[200] D. C. Montagomery. Design and Analysis of Experiments [M]. 6th Edition New York: John Wiley & Sons, Inc, 2007.

[201] Sulaiman N S, Hashim R, Amini M H M, et al. Optimization of activated carbon preparation from cassava stem using response surface methodology on surface area and yield [J]. Journal of Cleaner Production, 2018, 198: 1422~1430.

[202] Mohapatra S, Pradhan N, Mohanty S, et al. Recovery of nickel from lateritic nickel ore using Aspergillus niger and optimization of parameters [J]. Minerals engineering, 2009, 22 (3): 311~313.

[203] Sabbagh F, Muhamad I I, Nazari Z, et al. From formulation of acrylamide-based hydrogels to their optimization for drug release using response surface methodology [J]. Materials Science and Engineering: C, 2018, 92: 20~25.

[204] Obeng D P, Morrell S, Napier-Munn T J. Application of central composite rotatable design to modelling the effect of some operating variables on the performance of the three-product cyclone [J]. International Journal of Mineral Processing, 2005, 76 (3): 181~192.

[205] Raviadaran R, Chandran D, Shin L H, et al. Optimization of palm oil in water nano-emulsion with curcumin using microfluidizer and response surface methodology [J]. Lwt-Food Science and Technology, 2018, 96: 58~65.

[206] Ogbonna J D N, Attama A A, Ofokansi K C, et al. Optimization of formulation processes using Design Expert ® Software for preparation of polymeric blends-artesunate-amodiaquine HCl microparticles [J]. Journal of Drug Delivery Science and Technology, 2017, 39: 36~49.

[207] Harvill J L. MINITAB statistical software, release 7. 2 SUN-4 version [J]. Chemometrics and Intelligent Laboratory Systems, 1993, 18 (1): 111~112.

[208] 徐向宏, 何明珠. 试验设计与 Design-Expert、SPSS 应用 [M]. 北京: 科学出版社, 2010.

[209] Ruck M, Locherer F. Coordination chemistry of homoatomic ligands of bismuth, selenium and tellurium [J]. Coordination Chemistry Reviews, 2015, 285: 1~10.

[210] Ghodrat M, Rhamdhani M A, Brooks G, et al. Techno economic analysis of electronic waste processing through black copper smelting route [J]. Journal of Cleaner Production, 2016, 126: 178~190.

[211] Jain V K, Chauhan R S. New vistas in the chemistry of platinum group metals with tellurium ligands [J]. Coordination Chemistry Reviews, 2016, 306: 270~301.

[212] 苟军军, 叶金文, 刘颖, 等. 不同溶剂条件下的液相还原制备纳米碲粉 [J]. 功能材料, 2014, 45 (01): 01125~01128.

[213] Kim D H, Kwon I H, Kim C, et al. Tellurium-evaporation-annealing for p-type bismuth-antimony-telluride thermoelectric materials [J]. Journal of Alloys and Compounds, 2013, 548: 126~132.

[214] 聂华平, 王莉红, 张忠堂, 等. 基于电位控制的分金液亚硫酸钠深度还原试验研究

[J]. 湿法冶金, 2015, 34 (4): 296~300.

[215] Zheng Y J, Guo W, Bai M, et al. Preparation of chloroauric acid and its thermal decomposition [J]. Chinese Journal of Nonferrous Metals, 2006, 16 (11): 1976.

[216] Cussler E L. Diffusion: Mass Transfer in Fluid Systems [M]. Cambridge University Press, 2009.

[217] Sudarsan K G, Dindi S N. Kinetic and mechanistic aspects of redox reactions of tellurium (Ⅳ) and tellurium (Ⅵ) [J]. Progress in Reaction Kinetics and Mechanism, 2002, 27 (3): 127~163.

[218] Jamier V, Ba L A, Jacob C. Selenium-and tellurium-containing multifunctional redox agents as biochemical redox modulators with selective cytotoxicity [J]. Chemistry—A European Journal, 2010, 16 (36): 10920~10928.

[219] 郭学益, 江晓健, 刘静欣, 等. 梯级碱溶分步提取废弃电路板中有价金属 [J]. 中国有色金属学报, 2017, 27 (2): 406~413.

[220] Kläning U K, Sehested K. Tellurium (Ⅴ). A pulse radiolysis study [J]. The Journal of Physical Chemistry A, 2001, 105 (27): 6637~6645.

[221] 刘静欣, 郭学益, 刘旸, 江晓健. $NaOH-Na_2SnO_3-Na_2PbO_2-H_2O$ 四元水盐体系相平衡研究 [J]. 有色金属科学与工程, 2016, 7 (1): 1~4.

[222] Chen A, Zhao Z, Xu D, et al. Effect of sodium silicate on the solubility of zinc oxide of the $Na_2O-ZnO-H_2O$ equilibrium system [J]. Hydrometallurgy, 2013, 136: 46~50.

[223] 张博亚, 王吉坤, 彭金辉. 铜阳极泥中碲的回收 [J]. 有色金属: 冶炼部分, 2006, (2): 33~34.

[224] Zabinski, Piotr, Mech, et al. Analysis of tellurium thin films electrodeposition from acidic citric bath [J]. Applied Surface Science, 2016, 388: 817~824.

[225] 王强, 熊德强, 许军. 从铅阳极泥中综合回收金属碲的生产实践 [J]. 湖南有色金属, 2014, 30 (2): 42~43.